わかる化学

知っておきたい食とくらしの基礎知識

松井德光・小野廣紀 著

化学同人

まえがき

　近年，急速に高齢化社会を迎えるなか，食の欧米化が進み，がんや心筋梗塞に代表されるさまざまな生活習慣病が急増し，大きな社会問題となっています．このような状況下では，病気にかかってから治療するのではなく，医食同源・予防医学の観点に立ち，毎日の食生活を見直すことにより病気を予防し健康を保つことが大切です．現代の社会において，その重要な指導的役割を担っているのが管理栄養士や栄養士，フードスペシャリスト，そして看護師といった人たちといえるでしょう．これらの資格を取得するためには，多くの専門的な科目を学ばなければなりません．なかでも化学の知識を身につけることは必要不可欠です．

　ところが，高校まで化学をほとんど学習しないまま短大や大学へ入学してくる学生が増え，入学後そのような学生たちは化学の講義に苦しみ，その上，生化学・栄養学・食品学などの専門科目の理解にも苦労しているのが現状です．

　そこで，高校まで化学をあまり勉強してこなかった人にも，化学が理解しやすい教科書が必要であると痛感し，このたび「わかる化学」を企画しました．本書は，とくに上記のような『食』に携わる資格を取得する学生を対象にして，食べ物に関する化学の知識を中心に親しみやすい構成をとっています．これだけは知っておきたいことを厳選して，わかりやすい言葉で説明し，図やイラストを多用し，ポイントはキーワードでまとめ，各章末には理解を深めるための問題を用意しました．本書で勉強すれば，化学の基礎知識が確実に身につくように配慮しています．

　化学の基本がわかれば，「化学は簡単！」，「化学はおもしろい！」と思えます．いままで，化学がわからなくて困っていた悩みが解消され，専門科目の内容もこれまで以上にわかりやすくなるでしょう．本書が，目標とする管理栄養士，栄養士，フードスペシャリスト，看護師などの資格取得に役立つことを心より願っています．

　本書を刊行するにあたり，企画の当初から多大なるご理解とご支援をいただきました化学同人の平林　央氏と山本富士子氏に心から感謝申し上げます．

平成14年10月

松井德光・小野廣紀

目次

1章 食品の中身を見る —— 物質の成立ちと構成元素 ………………1
1. 食品を構成している，いろいろな物質　　1
2. 物質をつくる基本の粒子は原子　　1
3. すべての物質をつくる粒子は原子と分子とイオン　　3
4. 原子記号（元素記号）は化学の abc…　　5
5. 周期表は原子を規則正しく並べた表　　5
6. 電子配置が原子の性質を決定する　　6
7. 粒子を結びつける化学結合　　8
8. 物質を記号で表す化学式　　14

2章 食品中の原子，分子，イオンの重さ ………………19
1. 原子，分子，イオンの重さ　　19
2. 小さな小さな粒子の化学の単位——モルとアボガドロ数　　22

3章 食品の状態とその変化 ………………29
1. 物質の三態（固体，液体，気体）　　29
2. 気体の体積と圧力・温度の関係　　31
3. 物質が液体に溶けて溶液になるしくみ　　33
4. コロイド粒子とその特徴　　36
5. コロイド溶液の特徴　　37

4章 食品とエネルギー —— 生体内の化学エネルギー ………………43
1. エネルギーとは仕事をする能力　　43
2. エネルギーの種類とその相互変換　　43
3. 食物がもつエネルギー　　44
4. 食物エネルギーと肥満との関係　　48

— v —

❺章 食品内で起こる変化 —— 化学反応と化学反応式 ……… 49

    1 物質の変化を示す化学反応式　*49*
    2 化学反応は環境によって変化する？　*49*
    3 酸と塩基　*51*
    4 溶液中の水素イオンが pH を決める　*53*
    5 酸化と還元は表裏一体反応　*55*
    6 化学反応と熱の関係　*61*

❻章 食品中の濃度を考える —— 溶液の濃度とその表し方 ……… 65

    1 パーセント濃度を覚えておこう　*66*
    2 モル濃度はとっても大切　*67*
    3 グラム当量と規定濃度も知っておこう　*69*
    4 濃度表示には重量モル濃度もある　*72*
    5 簡単な試薬の調製法　*73*

❼章 食品中の有機化合物とその働き ……… 79

    1 有機化合物は生体を構成する重要な物質　*79*
    2 有機化合物は生命活動を担う重要な物質　*90*

❽章 食品中の無機化合物とその働き ……… 101

    1 食品・栄養の分野で重要なミネラル　*101*
    2 食品中のミネラルとその働き　*103*

付　録：実験器具／実験の基本操作／化学分析　*109*

索　引　*121*

コラム

- ●ダイヤモンドと黒鉛　*12*
- ●化学結合してできた物質（結晶）の性質　*15*
- ●原子の概念を確立した基本法則　*26*
- ●分子の概念を確立した基本法則　*27*
- ●飲んでおいしい水の条件とは？　*34*
- ●物質の測定（正確と精度，有効数字，SI 単位，
　　　　　　長さ，体積と容量，密度と比重，質量と重量）　*40*
- ●エネルギーと温度の単位　*46*
- ●ダイエットの基本　*47*
- ●七色変化！　ヘアカラーとヘアマニュキア　*56*
- ●酸性雨の原因物質：二酸化硫黄は還元剤，それとも酸化剤？　*59*
- ●パーマのかけすぎには注意しよう　*83*
- ●リノール酸神話の崩壊，油脂のとりすぎにご用心　*86*
- ●上戸と下戸，あなたはどっちのタイプかな？　*92*
- ●自分の体は自分で守ろう！　経口避妊薬，ピル　*99*
- ●ミネラル発見の歴史　*102*
- ●ミネラルを豊富に含む食品　*105*

1 食品の中身を見る
～物質の成立ちと構成元素～

1　食品を構成している，いろいろな物質

　私たちが毎日食べている食品の中には，いろいろな物質が含まれている．それらは，炭水化物，タンパク質，脂質をはじめ，ビタミンやミネラルとよばれる物質などで，体内で消化・吸収され，私たちの体やエネルギーをつくったりするのに使われている．食品の形はさまざまだが，これらは，すべて原子という小さな小さな粒子の集まりによってつくられている．この章では，食品をはじめ，私たちをとりまく，さまざまな物質を形づくっている原子，分子，イオンについて学ぶことにしよう．

> **ひとくちメモ**
> **物質とその構成粒子**
>
> 物質は，原子，分子，イオンなどが結びついてできている．分子やイオンは原子からできているので，すべての物質は原子から構成されていることになる．自然界に存在する物質を化学的に分類すると次のようになる．
>
> 純物質 ─┬─ 単体：O_2，N_2，He
> 　　　　└─ 化合物：H_2O，NaCl
>
> 混合物─チョコレート，パン，ケーキ，オレンジジュース，海水，コンクリート
>
> 純物質：一種類の物質からなる．その物質固有の性質がある．
>
> 混合物：二種類以上の物質からなる．各成分の割合は一定ではない．含まれている各成分の性質をもっている．

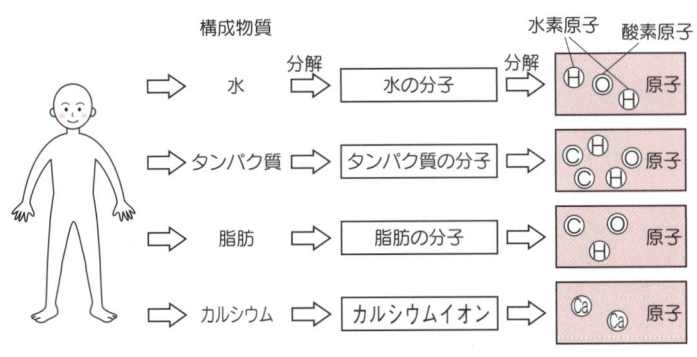

人間の体を構成する物質も，すべて原子からできている

2　物質をつくる基本の粒子は原子

　食品をはじめ，すべての物質は小さな粒子からできている．肉，魚，野菜，ご飯などをはじめ，机，いす，鉛筆，鉄くぎなど，あらゆる物質を構成している基本的な成分は元素で（図１），元素は同一種類の原子とよばれる小さな粒子からできている．つまり，鉄くぎの鉄は原子という

> **ひとくちメモ**
> **元　素**
>
> 元素とは同一の原子番号をもつ原子の総称である．たとえば炭素原子・には$^{12}_{6}C$と$^{13}_{6}C$の二種類の同位体が存在するが，これらをまとめて炭素元素という．

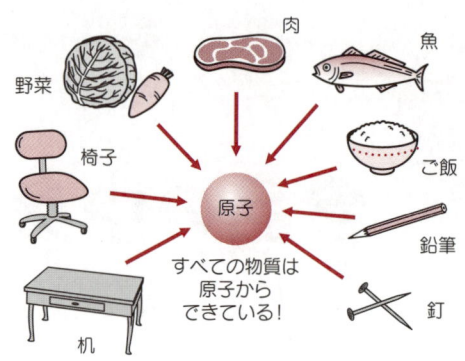

図1　あらゆる物質は元素(原子)からできている

粒子，飲料水に含まれる水は**分子**という粒子，調味料の食塩は**イオン**という粒子からできているように，すべての物質は，原子または分子，イオンのいずれかで構成されている．これらの原子，分子，イオンは，まったく異なった粒子ではなく，分子は原子がいくつか結合してできたもの，イオンは原子が少し変化したものというように，どれも原子が基本となっている．

　原子は，現在までに118種類発見されているが，その基本構造はすべて同じである．原子は，その中心に正(プラス)の電荷をもつ一つの**原子核**と，そのまわりにある負(マイナス)の電荷をもついくつかの**電子**からできている(図2)．また原子核は，正の電荷をもつ**陽子**と，電荷をもたない(電気的に中性な)**中性子**とからできている．質量数1の水素原子のように，中性子の存在しない原子もある(質量数については2章参照)．

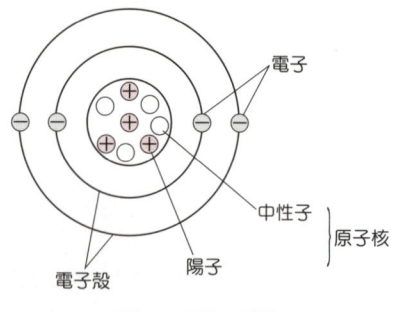

図2　原子の構造

　原子核が正の電荷をもっているのは，陽子が存在するからである．陽子と電子のもつ電荷は，正負の違いはあるが，まったく同じ量で，つまり一つの原子には，陽子と電子が同じ数存在している．したがって原子全体を見れば，電気的に中性の状態となっている．原子核の中の陽子の

数と原子核のまわりの電子の数は等しいが，この数を**原子番号**という．原子番号の等しい原子は，化学的な性質も等しい．しかし，同じ原子でも中性子の数が違う原子がある．このように同じ種類の原子で，中性子の数が違う原子を互いに**同位体**(アイソトープ)という．

原子の種類は原子核にある陽子の数によって決まる．たとえば，原子番号1の水素原子Hは陽子の数が1，原子番号103のローレンジウムLrという原子は，陽子の数が103というわけである．

> **Keyword**　　原子番号＝陽子の数＝電子の数

3　すべての物質をつくる粒子は原子と分子とイオン

食品をはじめ，すべての物質は，原子，分子，またはイオンのいずれかの粒子によって構成されている．金属は原子という粒子で構成され，水や酸素，二酸化炭素，砂糖などは分子という粒子で構成されている．また食塩は，正負のイオンによって構成されている(図3)．

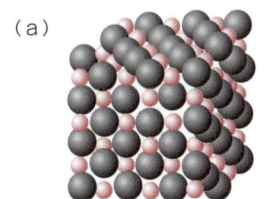

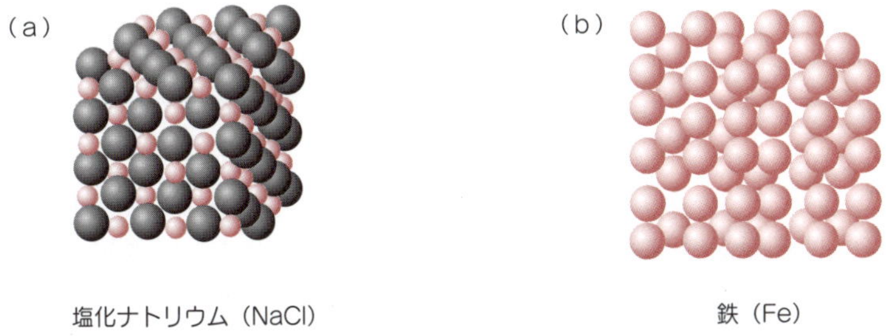

(a) 塩化ナトリウム (NaCl)　　　　　　　(b) 鉄 (Fe)

図3　物質を構成するもの

(a) 塩化ナトリウム(NaCl)
- ●：ナトリウムイオン(Na^+)
- ●：塩化物イオン(Cl^-)

原子がイオンとなって，静電気力で集合している．

(b) 鉄(Fe)
- ●：鉄原子(Fe)

原子が金属結合で集合している．

分子は原子が結合したもの

分子は原子からできており，分子をつくっている原子の種類や数は，物質の種類によって異なる．たとえば，水は酸素原子O1個と水素原子H2個が結合してできた分子である(図4)．二酸化炭素は炭素原子C1個と酸素原子O2個，酸素分子O_2は酸素原子O2個，砂糖は炭素原子C12個と水素原子H22個と酸素原子O11個が結合してできた分子である．つまり**分子**とは，2個以上の同じ種類の原子，または異なる種類の原子

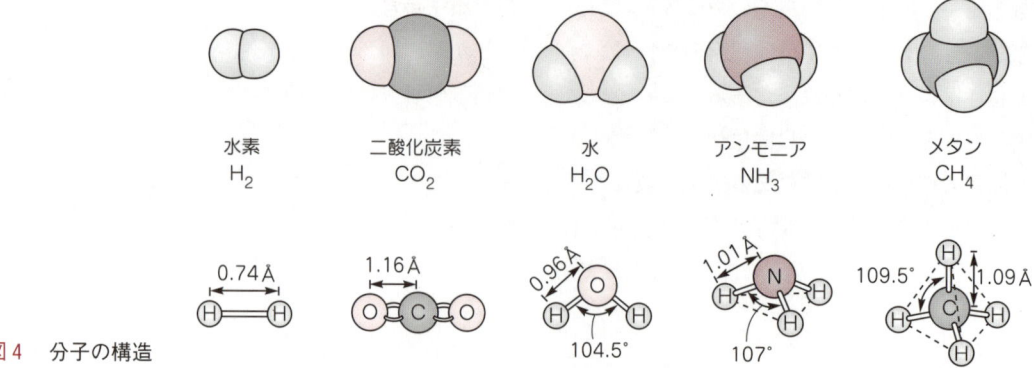

図4　分子の構造

が結合して1個の粒子となっているものである．分子はその物質特有の性質をもっている最小単位の粒子であり，分子をそれ以上分けると，その性質は失われてしまう．分子には，大きさが最も小さく構造も簡単な水素分子から，かなり複雑な構造をしているデンプンやタンパク質まで，さまざまなものがある．

原子からイオンへ

原子は1個または数個の電子を失ったり，また逆に，余分な電子を得たりすることがある．その結果，それまで陽子と電子の数が一致していたために電気的に中性であった原子が電子を失うか，あるいは電子を得

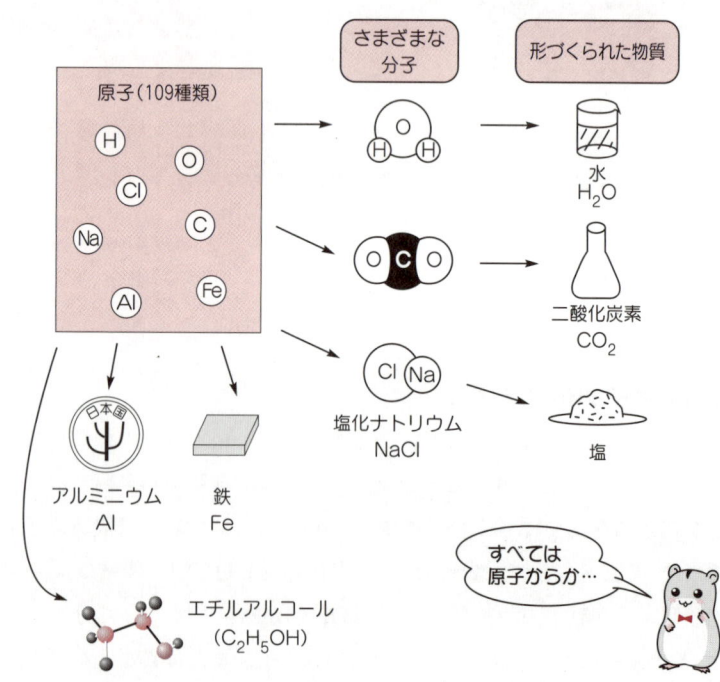

ひとくちメモ
原子の名称

原子の名称は，発見された由来やその原子の性質，色などを元にしてラテン語やギリシャ語などでつけられている．比較的新しく発見された原子には，その発見者の人名，国名，地名を記念してつけられたものもある．たとえば，水素 H は，英名が Hydrogen で，語源は「水を生じる」というギリシャ語から由来している．硫黄 S は，ラテン語の *Sulfur*「燃える石」に由来しており，またキュリウム Cm は Curium で，発見者の「キュリー夫妻」を記念して命名されている．

るかによって電気的なバランスがくずれ，正または負の電荷をもつ粒子となる．これが**イオン**である．

原子が電子を失った場合は**陽イオン**となり，電子を1個失った原子は1価の陽イオン，電子を2個失った原子は2価の陽イオン，3個の場合は3価の陽イオンとなる．また，原子が電子を得た場合は**陰イオン**となり，電子を1個得た場合は1価の陰イオン，2個の場合は2価の陰イオンとなる．これら1価，2価，3価のことを**イオンの価数**という．

また元素記号の右肩に，＋または－の電荷の符号と量（イオンの価数）を示したものを**イオン式**という．

【例】　1価の陽イオン：Na^+（ナトリウムイオン），K^+（カリウムイオン）
　　　　2価の陽イオン：Ca^{2+}（カルシウムイオン），Mg^{2+}（マグネシウムイオン）
　　　　1価の陰イオン：Cl^-（塩化物イオン），F^-（フッ化物イオン）
　　　　2価の陰イオン：S^{2-}（硫化物イオン），O^{2-}（酸化物イオン）

> **Keyword**　原子：物質を構成する最小の粒子
> 　　　　　　分子：物質としての性質を示す最小の粒子
> 　　　　　　イオン：正または負の電荷を帯びた原子や原子団
> 　　　　　　　　　　陽イオンと陰イオンがある

4　原子記号（元素記号）は化学の abc…

118種類の原子には，それぞれの原子番号のほかに水素，酸素，ナトリウムといった名称が付けられている．H（水素：Hydrogen），O（酸素：Oxygen）などのように原子の英語名の頭文字で表す方法や，Na（ナトリウム：Natrium）などのように頭文字ともう1文字の小文字を組み合わせて表す方法もある．**原子記号**（**元素記号**ともいう）は化学式，化学結合，化学反応式を表すのによく使われるので覚えておこう（図5）．

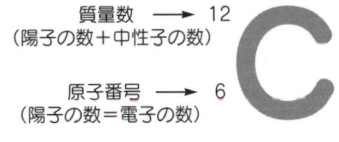

図5　原子記号の表し方

5　周期表は原子を規則正しく並べた表

元素（原子）を原子番号の記号順に並べると，よく似た性質をもつ原子がある一定の間隔で周期的に現れてくる．このような周期性を元素（原

ひとくちメモ　イオンの化学式の書き方

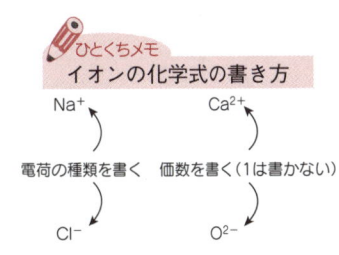

電荷の種類を書く　価数を書く（1は書かない）

ひとくちメモ　イオンの化学式の読み方

陽イオンの場合は，「イオン」をつける．
　水素：水素イオン，
　ナトリウム：ナトリウムイオン，
　カルシウム：カルシウムイオン．
陰イオンの場合は，「素」をとって，「化物イオン」をつける．
　塩素：塩化物イオン，
　フッ素：フッ化物イオン．
　硫黄：硫化物イオン（最初の一文字に「化物イオン」をつける）

ひとくちメモ　イオン化エネルギー

原子から電子1個を取り去るのに必要なエネルギーをイオン化エネルギーという．一方，原子に電子1個を付加するときに放出されるエネルギーを電子親和力という．
イオン化エネルギーが小さい
　→陽イオンになりやすい
　→陽性が強い
電子親和力が大きい
　→陰イオンになりやすい
　→陰性が強い

ひとくちメモ
周期表の覚え方

原子番号 1～20 までの元素名，元素記号とその順番は正しく覚えておこう．いろいろな語呂合わせがある．Na(ナトリウム)は英語で sodium というので，Na は"ソー"で思いだそう．

```
水   兵   リ ー ベ
H   He   Li  Be
 僕       の     船，
 B  C  N  O  F  Ne
 ソー     曲 が る
 Na  Mg  Al
    シップス
    Si  P  S
  クラーク  か
  Cl  Ar  K  Ca
```

ひとくちメモ
113 番目の元素 Nh「ニホニウム」

森田浩介教授(九州大学)ら理化学研究所のチームが発見し，日本で初めて命名権が与えられた元素である．ニホニウムの名は「日本」にちなんで名付けられたという．

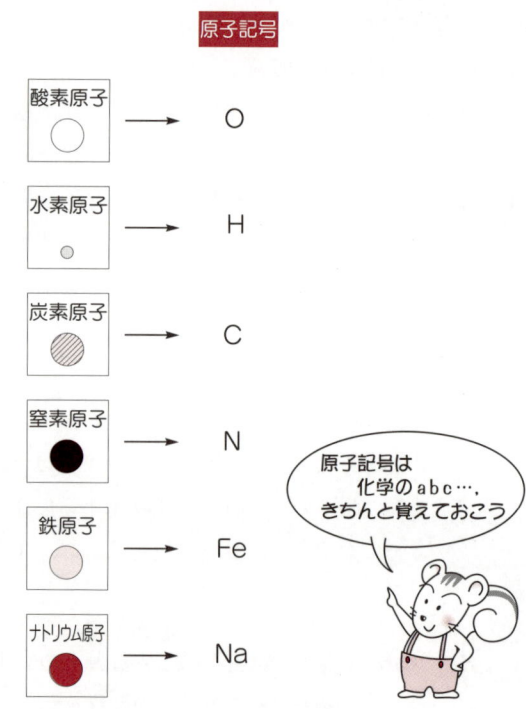

子)の**周期律**といい，化学的性質のよく似た元素(原子)を原子番号順に並べて，分類したものを**周期表**という(見返し参照)．

6　電子配置が原子の性質を決定する

　原子は食品をはじめ，あらゆる物質を構成している．原子の中心には原子核があり，その周囲を電子が高速で回転している．原子構造を図6に示す．電子は，原子核のまわりを同心円状の軌道に分かれて存在している．この軌道を**電子殻**という．電子殻は，原子核に近い順に K 殻，L

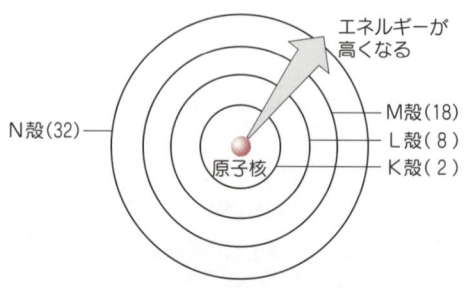

図6　電子殻と収容電子の数
原子はそれぞれ原子番号と同じ数の電子をもつが，それらは内側の電子殻から順に入っていく．電子殻にある電子は，K 殻，L 殻，M 殻…の順に高いエネルギーをもっている．この特定のエネルギーをもった状態を，電子殻のもつエネルギー準位という．電子殻に入ることのできる電子の数は決まっており，電子はエネルギーの一番低い K 殻から順に配置されていく．

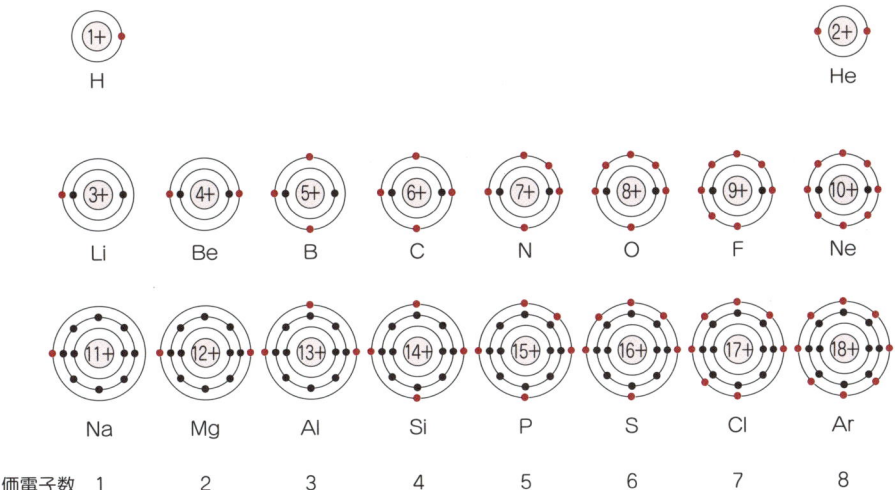

図7 原子の電子配置
最も外側の電子殻に存在する1〜7個の電子を価電子という．価電子の数が等しい元素の化学的性質はよく似ている．中心の数字は原子核中の陽子の数，外側の円は電子殻，黒丸は電子を表し，赤丸は価電子を表す．

殻，M殻，N殻，…といい，それぞれの電子殻に入る電子の最大数は決まっている．K殻に2個，L殻に8個，M殻に18個，N殻に32個で，一般にn番目の電子殻に入る数は$2n^2$個である．図7は，周期表上に表した各原子の電子配置を示している．

前述したように，周期表で縦の列に並んでいる原子どうしは互いに性質が似ている．それは，一番外側（最外殻）にある電子の数が一致しているためである．各原子の一番外側の電子殻にある電子を**最外殻電子**または**価電子**（原子価電子）という．価電子の数は0〜7である．ただし18族の**不活性ガス**の場合だけは，最外殻電子は8個で，8個の電子で最外殻が満たされているので価電子は0となる．価電子は，原子の化学的な性質を左右する重要な役割を果たしている．

ところで，不活性ガスの電子配置を見ると，最外殻電子はヘリウムHeの場合は2個，そのほかは8個である（表1）．不活性ガスの原子は反応性に乏しく，ほかの原子のように化合物をつくることはほとんどなく，非常に安定している．一方，不活性ガス以外の原子は，いずれも不活性ガスと同じような電子配置をとって，安定な状態になろうとする傾向がある．

表1 不活性ガスの電子配置

元素	K	L	M	N	O
$_2$He	2				
$_{10}$Ne	2	8			
$_{18}$Ar	2	8	8		
$_{36}$Kr	2	8	18	8	
$_{54}$Xe	2	8	18	18	8

> **Keyword** 最外殻電子：価電子…原子の化学的性質を決める
> 周期表：価電子数（元素の性質）が周期的に変わる

7　粒子を結びつける化学結合
イオンになってイオン結合する

　図8でわかるように，ナトリウム原子Naは価電子が1個で，それ以外の電子配置はネオンNeと同じ電子配置である．一方，塩素原子Clの価電子は7個で，ほかはアルゴンArと同じ電子配置である．もし，Na原子が電子1個を放出すれば，Neとまったく同じ電子配置になる．逆にCl原子は電子1個を受けとれば，Arと同じ電子配置になる．

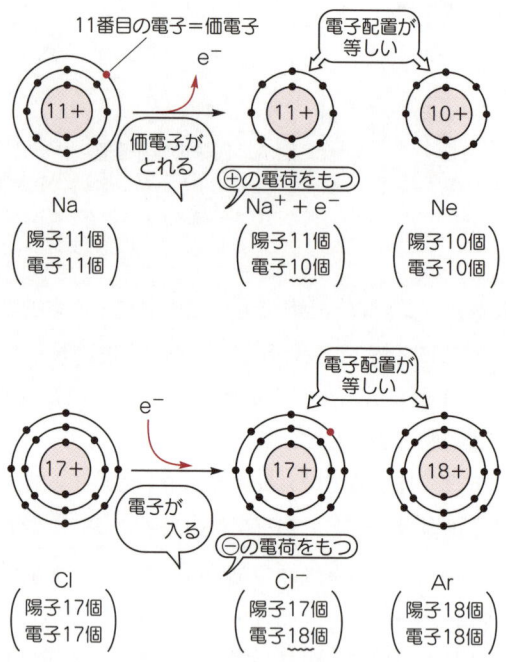

図8　ナトリウム原子および塩素原子のイオン化

　したがって，Na原子は電子1個を放出してナトリウムイオンNa$^+$となり，Cl原子はNa原子の放出した電子を受けとって塩化物イオンCl$^-$となる．その結果，生じた陽イオン(この場合Na$^+$)と陰イオン(この場合Cl$^-$)は，**クーロン力(静電気力**：正の電気と負の電気が引き合う力)によって結合する．

　最外殻電子の数が少ない原子(周期表の左側にある原子)は陽イオンになりやすい傾向がある．逆に，不活性ガスを除く最外殻電子の数が多い原子(周期表の右側にある原子)は陰イオンになりやすい傾向がある(表2)．

【例】　$Mg \longrightarrow Mg^{2+} + 2e^-$　　　$Br + e^- \longrightarrow Br^-$

表2 原子のイオンになりやすさ

	原子	価電子の数	イオン	特徴
陽イオンになりやすい	Li・ Na・ K・	1	Li⁺ Na⁺ K⁺	イオン結合により化合物をつくる.
	・Mg・ ・Ca・ ・Ba・	2	Mg²⁺ Ca²⁺ Ba²⁺	
陰イオンになりやすい	:F: :Cl: :Br:	7	F⁻ Cl⁻ Br⁻	
	・O: ・S:	6	O²⁻ S²⁻	
イオンになりにくい	・C・ ・Si・	4		他の原子との共有結合により化合物をつくる.
	・N: ・P:	5		

これを頭に入れておくと便利!

つまり, それぞれの原子はそれぞれの原子番号に最も近い不活性ガス (He, Ne, Ar, Kr) と同じ電子配置になろうと電子を放出したり, 受けとったりして, 陽イオンや陰イオンになる. そして, イオン化したこれらの原子は, 電子をやりとりして結合し, この結合のことを**イオン結合**という. また, イオン結合によってイオンが集合したものを**イオン性物**

表3 イオン結合によってできる化合物

イオンの組合せ	組成式と化合物名
1価の陽イオン + 1価の陰イオン	Na⁺ + Cl⁻ ⟶ NaCl (塩化ナトリウム) Ag⁺ + Cl⁻ ⟶ AgCl (塩化銀) K⁺ + Cl⁻ ⟶ KCl (塩化カリウム) Na⁺ + OH⁻ ⟶ NaOH (水酸化ナトリウム)
2価の陽イオン + 1価の陰イオン	Ca²⁺ + 2Cl⁻ ⟶ CaCl₂ (塩化カルシウム) Cu²⁺ + 2Cl⁻ ⟶ CuCl₂ (塩化銅(Ⅱ)) Mg²⁺ + 2Cl⁻ ⟶ MgCl₂ (塩化マグネシウム) Ba²⁺ + 2OH⁻ ⟶ Ba(OH)₂ (水酸化バリウム)
1価の陽イオン + 2価の陰イオン	2K⁺ + SO₄²⁻ ⟶ K₂SO₄ (硫酸カリウム) 2Na⁺ + CO₃²⁻ ⟶ Na₂CO₃ (炭酸ナトリウム) 2Na⁺ + SO₄²⁻ ⟶ Na₂SO₄ (硫酸ナトリウム) 2Ag⁺ + SO₄²⁻ ⟶ Ag₂SO₄ (硫酸銀)
2価の陽イオン + 2価の陰イオン	Ca²⁺ + SO₄²⁻ ⟶ CaSO₄ (硫酸カルシウム) Cu²⁺ + SO₄²⁻ ⟶ CuSO₄ (硫酸銅(Ⅱ)) Ba²⁺ + CO₃²⁻ ⟶ BaCO₃ (炭酸バリウム) Ca²⁺ + O²⁻ ⟶ CaO (酸化カルシウム)

NH₄Cl は, NH₄⁺ と Cl⁻ とが集まったイオン結晶である. アンモニウムイオン NH₄⁺ は, 5個の原子の集団が電気を帯びた状態にある. また, OH⁻, SO₄²⁻, CO₃²⁻, PO₄³⁻ なども, 2個以上の原子の集団がイオン化した原子団のイオンである.

イオン結合って単純だね!

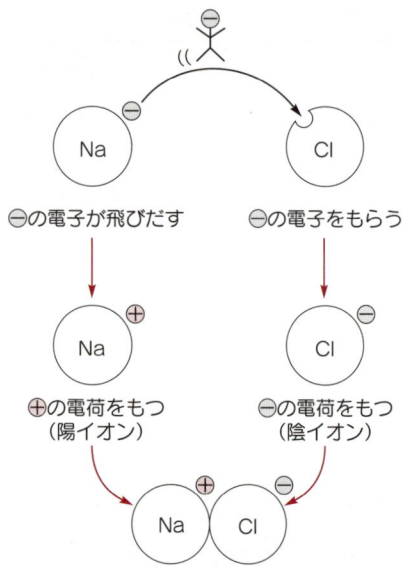

⊖の電子が飛びだす　　　⊖の電子をもらう

⊕の電荷をもつ　　　　　⊖の電荷をもつ
（陽イオン）　　　　　　（陰イオン）

NaCl は，このように結びついている

質という（表3）．イオン結合によってできている化合物は，一般に陽性の元素と陰性の元素とからできる場合が多い．

【例】　塩化ナトリウム　NaCl：Na^+ と Cl^- が1：1で結びついている．
　　　　炭酸ナトリウム　Na_2CO_3：Na^+ と CO_3^{2-} が2：1で結びついている．

なお，NaCl の結合では，図9のように Na^+ と Cl^- とが交互に規則正しく配列して結晶をつくっている．

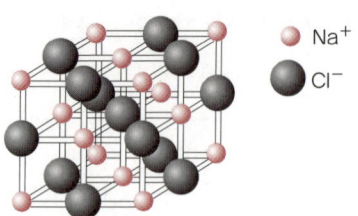

図9　NaCl の結晶構造
塩化ナトリウムの組成式は NaCl で Na^+ と Cl^- から構成されている．NaCl は辛いが Na^+ も Cl^- も辛くない．Na^+ と Cl^- が結合して，NaCl という形になってはじめて辛い味ができるのである．

> **Keyword**
> 陽イオン：原子が価電子を放出した状態 ┐ 不活性ガスの電子
> 陰イオン：原子が電子を受け入れた状態 ┘ 配置と同じ状態
> イオンの価数：イオンがもつ電荷
> イオン結合：陽イオンと陰イオンが電気的な引力で結合

電子を共有する共有結合

ところで，水素分子 H_2 は，水素原子 H が 2 個結合したものである．H 原子の価電子は 1 個であり，H 原子が安定なヘリウム He と同じ電子配置になるためには，あと 1 個の電子が必要となる．H 原子どうしは電子のやりとりはせず，互いの電子を共有し合うことにより，それぞれ He 原子の電子配置となって安定化する（図10）．

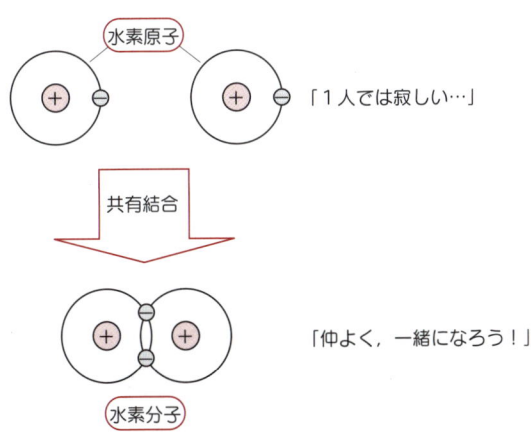

図10 水素分子の生成

水分子 H_2O は酸素原子 O が 1 個と水素原子 H が 2 個結合したものである．H 原子の価電子は 1 個で，O 原子の価電子は 6 個である．H 原子が He と同じ電子配置になるためには，あと 1 個の電子が必要である．一方，O 原子がネオン Ne のような電子配置になるためには，あと 2 個の電子が必要である．これらの原子は，電子のやりとりはせず，互いの電子を共有し合うことにより，H 原子は 2 個，O 原子は 8 個の電子をもって安定化する．このように非金属原子どうしが互いに価電子をだしあって電子対をつくり，これを共有してできる結合を共有結合といい，共有結合によってできた粒子を分子とよぶ．ただし，価電子の中で対をつくっ

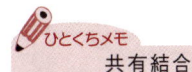
共有結合
共有結合には，共有電子対の数によって単結合（−），二重結合（＝），三重結合（≡）という三種類の結合がある．

ひとくちメモ

分子間力

分子どうしの引力によって起こる結合力を，分子間力またはファンデルワールス力という．分子間力の結合力は，イオン結合，共有結合，金属結合に比べるとずっと弱い．

ていない電子は不対電子，不対電子が二つの原子に共有されている電子対は共有電子対といい，共有結合に使われていない電子対を非共有電子対という（図11）．分子は，互いに分子間力（分子と分子の間に働く引力）によって集合し，分子性物質をつくっている．分子が分子間力によって規則正しく並んでできている結晶を分子結晶という．

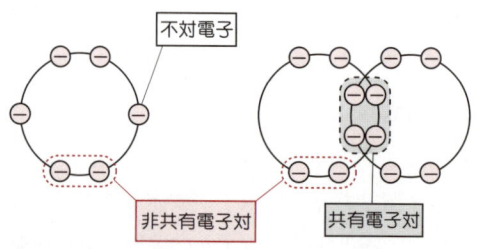

図11 酸素原子，酸素分子の価電子

---

column

ダイヤモンドと黒鉛

ダイヤモンドも黒鉛（グラファイト）も，炭素元素Cからできている単体（互いに同素体*）であるが，両者の性質は著しく異なっている．これは，C原子の結合状態が異なるため，結晶の形が違うからである．

炭素に高温・高圧を加えると，人工的にダイヤモンドをつくることができる．高温・高圧のもとでは，C原子の4個の価電子はすべて共有結合に使われ，正四面体の連続したダイヤモンドの結晶ができる．一方，黒鉛も，やはり共有結合によって結晶をつくっているが，C原子の4個の価電子のうち，3個が共有結合に使われ，C原子は正六角形の平面状の網目構造をつくっている．これが層状に配列し，層の間は分子間力によって弱く結合している．そして残り1個の電子は，自由に結晶の中を動きまわっている．このため，黒鉛は軟らかく，非金属でありながら，電気をよく通すのである（下図）．

*同素体：同じ原子（元素）からできている単体でも，性質が異なるものがある．それは，結合のしかたや結晶の構造が異なるためで，それらを互いに同素体という．

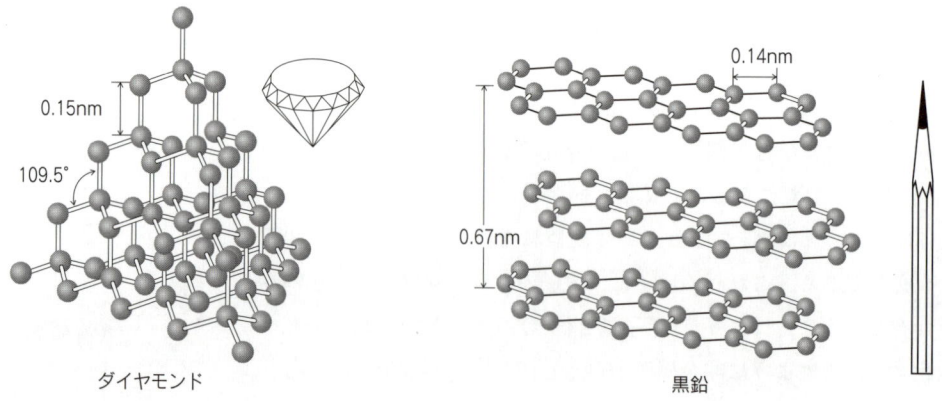

ダイヤモンド　　　　　　　黒鉛

【共有結合の例】 同種の原子間の結合：H_2, O_2, N_2, Cl_2
異種の原子間の結合：H_2O, CO_2, SO_2, CH_4,
C_2H_5OH（エタノール），
$C_6H_{12}O_6$（ブドウ糖），
$C_{12}H_{22}O_{11}$（砂糖）

> **Keyword**
> 共有結合：原子間で互いに電子を共有する結合
> 分子間力：分子どうしの間に働く力

イオン結合と共有結合のまとめ

Na^+ 1価の陽イオン	Na ▷	陽イオンの手を1本もっている
Mg^{2+} 2価の陽イオン	◁ Mg ▷	陽イオンの手を2本もっている
Al^{3+} 3価の陽イオン	◁ Al ▷ ▽	陽イオンの手を3本もっている
Cl^- 1価の陰イオン	Cl ◁|	陰イオンの手を1本もっている
O^{2-} 2価の陰イオン	▷| O |◁	陰イオンの手を2本もっている
OH^- 1価の陰イオン	OH |◁	陰イオンの手を1本もっている
CO_3^{2-} 2価の陰イオン	▷| CO_3 |◁	陰イオンの手を2本もっている
SO_4^{2-} 2価の陰イオン	▷| SO_4 |◁	陰イオンの手を2本もっている

イオン結合の場合
$Na^+ + Cl^-$ ⇒ Na▷ + ◁Cl ⇒ Na▷◁Cl (NaCl)
$Mg^{2+} + 2Cl^-$ ⇒ ◁Mg▷ + ◁Cl／◁Cl ⇒ Cl▷◁Mg▷◁Cl ($MgCl_2$)
$Na^+ + OH^-$ ⇒ Na▷ + ◁OH ⇒ Na▷◁OH (NaOH)

共有結合の場合
H + H ⇒ H▷ + ◁H ⇒ H▷◁H (H_2)
C + 2O ⇒ ◁C▷ + ▷|O|◁／▷|O|◁ ⇒ O▷◁C▷◁O

つまり，価電子の数は原子の手の数なんだ！

ひとくちメモ
金属の性質

・電気や熱をよく伝える。電気の伝導性のよい金属は熱もよく伝える。

・展性・延性が大きい。たとえば、1gの金は、3kmの長さまで引き延ばすことができる。また、10^{-5} cmの厚さの箔にすることもできる。

・一般に、融点や沸点は高い。たとえば、タングステンWの融点は3410℃で、沸点は5900℃である。ただし、Hg、Na、Kなどは例外である。

・金属の密度は大きい。一般に密度が4〜5 g/cm³以上のものを**重金属**、4〜5 g/cm³以下のものを**軽金属**という。軽金属としてLi、Na、Kがあり、いずれも1 g/cm³であり、密度は小さい。

・不透明で表面に強い金属光沢がある。

自由電子を共有する金属結合

金属の一種であるナトリウムNaを例にあげて考えてみよう。Na原子の価電子は1個で、この1個の電子を放出するとネオンNeと同じ電子配置となり安定化する。Na原子は電子1個を放出することによって、ナトリウムイオンNa⁺となる。このとき、放出された電子は、その物質を構成しているすべてのNa原子の共有物となる。つまり共有結合の場合、電子は特定の原子に共有されているのに対して、金属結合では、電子は金属原子間を自由に移動しているのである。この自由に移動している電子のことを**自由電子**という。金属が電気をよく通すのは、自由電子が存在しているからである。金属は自由電子を共有し、金属原子が集合したものである(図12)。このように自由電子によって結合したものを**金属結合**といい、金属結合によってできた物質を**金属**という。

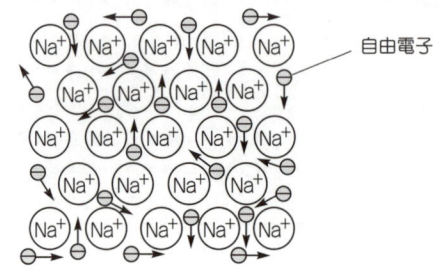

図12 金属結合(ナトリウム)

> **Keyword** 金属結合:自由電子を多くの原子が共有しあう結合
> 自由電子:価電子で、結晶内を自由に動くことができる

8 物質を記号で表す化学式

化学式は、原子記号(元素記号)を用いて物質を表し、物質を構成する原子の種類と組成がひと目でわかるようにした式である。化学式には組成式、分子式、構造式、示性式、イオン式、電子式などがあり、それぞれに特徴がある。

金属とイオン性物質の組成を表す組成式

組成式は、物質を構成している原子の種類を原子記号で表し、それぞれの原子の数を最も簡単な整数比で原子記号の右下に示した式である。

たとえば、塩化ナトリウムNaCl(食塩)は、ナトリウムイオンNa⁺と塩化物イオンCl⁻が1:1(整数比)で結合したものであるからNaClと

ひとくちメモ
合金

ある金属に他の金属あるいは非金属元素が溶けこんだ混合物を合金という。純粋な金属は、一般に軟らかく、そのままでは実用的でないものが多い。しかし、金属の物理的性質は、金属中に含まれる微量の不純物(他の金属元素または非金属元素)によって著しく影響を受ける。とくに硬さや展性・延性などといった機械的性質が著しく変化する。たとえば、ステンレス鋼は、Fe、Cr、Niからできており、さびないという特性があるので、器機・器具、日用品に使用されている。ニクロムは、Ni、Cr、Mnからできており、電気抵抗が大きく、電熱線として使用されている。

化学結合してできた物質（結晶）の性質

化学結合の種類

化学結合には，イオン結合，共有結合，金属結合，分子間力（ファンデルワールス力）による結合などがある．これらが結合してできた物質の結晶を，それぞれ，イオン結晶，共有結合結晶，金属結晶，分子結晶という．

> **イオン結晶**：陽イオンと陰イオンが電気的な引力によって結合
> **共有結合結晶**：原子が共有結合によって結合
> **金属結晶**：原子が金属結合によって結合
> **分子結晶**：分子が分子間力によって結合

化学結合の強さと結晶の性質

化学結合の強さは，共有結合が最も強い．次に，イオン結合，金属結合，水素結合（p. 33, 35参照），分子間力の順に弱くなる．一般に，結合の強さと融点との間には密接な関係があり，結合力が強い結晶ほど融点は高い傾向がある．共有結合結晶の融点が最も高く，逆に，分子結晶の融点は最も低く，常温で液体や気体の状態を示す物質が多い（p. 30参照）．

結晶の硬さと展性・延性

結晶の硬さや展性・延性も，結合力や結合の方向性と関係がある．すなわち，共有結合結晶は非常に硬く，金属もある程度の硬さをもっている．一方，イオン結晶は硬くてもろく，分子結晶は軟らかくてもろいという性質がある．また，結晶のうち，金属だけが，展性・延性をもっている．

> **結合の強さ**：結晶の融点や硬さと密接な関係がある
> （強）共有結合＞イオン結合＞金属結合
>   ＞水素結合＞分子間力（弱）

伝導性

金属には，電気をよく通す性質がある．これは結晶内に自由電子があるためである．イオン結晶は固体状態では電気を通さないが，加熱融解した場合や水溶液にした場合は，イオンが移動できるので，電気を通す．一方，分子結晶と共有結合結晶は電気を通さない．

溶解性

水に対する溶解性：イオン結晶には水に溶けるものが多く存在する．分子結晶は水に溶けにくいが，極性の強い分子からできているものは水に溶けるものが多い．一方，金属と共有結合結晶は水に溶けない．

【例】 分子結晶で水に溶けないもの：ヨウ素 I_2，ナフタレン $C_{10}H_8$，
溶けるもの：ショ糖 $C_{12}H_{22}O_{11}$，尿素 CH_4N_2O

表　いろいろな結晶物質の融点

結晶の種類	物質の例	融点（℃）
分子結晶	二酸化硫黄（SO_2）	-75.5
	ナフタレン（$C_{10}H_8$）	80.2
イオン結晶	塩化ナトリウム（NaCl）	800
	酸化カルシウム（CaO）	2572
金属	ナトリウム（Na）	97.5
	鉄（Fe）	1535
共有結合結晶	ダイヤモンド（C）	＞3500
	石英（SiO_2）	＞1700

有機溶媒に対する溶解性：分子結晶には，ベンゼン，アルコールなどの有機溶媒に溶けるものが多い．イオン結晶のなかには，少し溶けるものがある．金属と共有結合結晶は有機溶媒にも溶けない．

ひとくちメモ
組成式の書き方
1) 陽イオンの後に陰イオンを書く(ただし,陽イオンが複数ある場合は,アルファベット順に書く).
2) 陽イオンの数と陰イオンの数の比を求める(電荷の合計が0になるようにする).
陽イオンの数:陰イオンの数
=陰イオンの価数:陽イオンの価数
3) 陽イオンと陰イオンの数の比を,それぞれのイオンの右下に書く(ただし,多原子イオンが2個以上ある場合は,カッコでくくってその数を示す).

表す.また,塩化マグネシウムはマグネシウムイオン Mg^{2+} と塩化物イオン Cl^- が1:2で結合したものであるから $MgCl_2$ と表す.鉄は鉄原子Feだけが結合したものであるから Fe と表す.ただし整数比の数字が2以上の場合は,原子記号の右下に小さい数字で示し,1の場合は数字を書かないのがルールである(図13).

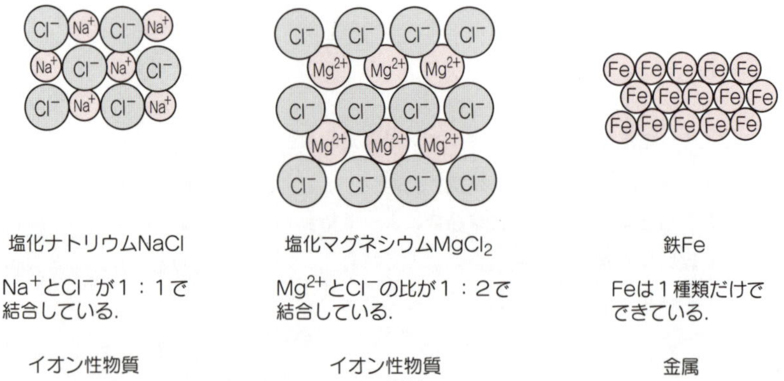

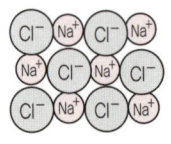
塩化ナトリウム NaCl
Na^+ と Cl^- が1:1で結合している.
イオン性物質

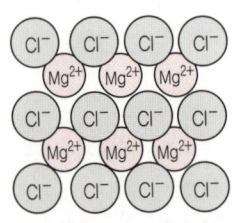
塩化マグネシウム $MgCl_2$
Mg^{2+} と Cl^- の比が1:2で結合している.
イオン性物質

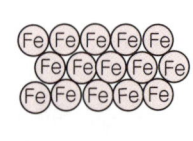
鉄 Fe
Fe は1種類だけでできている.
金属

図13 金属とイオン性物質の組成式

ひとくちメモ
組成式の読み方
イオンからなる物質は,陰イオンの名称を先に読み,そのあとに陽イオンの名称を読む.
1) 〜化物イオンの場合には,物イオンを省略する.
塩化物イオン Cl^- :塩化,
水酸化物イオン OH^- :水酸化,
酸化物イオン O^{2-} :酸化
2) 1以外の場合は,イオンを省略する.
硝酸イオン NO_3^- :硝酸,
硫酸イオン SO_4^{2-} :硫酸,
ナトリウムイオン Na^+ :ナトリウム,
銅(Ⅱ)イオン Cu^{2+} :銅(Ⅱ)

分子の組成を表す分子式

分子式は,分子を構成している原子の種類を原子記号で表し,それぞれの原子の数を原子記号の右下に示した式である.たとえば,水分子は酸素原子Oが1個と水素原子Hが2個結合したものであるから H_2O と表す.また,二酸化炭素は炭素原子Cが1個と酸素原子Oが2個結合したものであるから CO_2 と表す.アンモニアの場合は窒素原子Nが1個と水素原子Hが3個結合したものであるから NH_3 と表す.

【例】　H_2　　O_2　　CO_2　　H_2O　　NH_3　　CH_4
　　　水素　酸素　二酸化炭素　水　アンモニア　メタン

分子の構造がひと目でわかる構造式

構造式は,分子内の結合を価標(原子間の結合を−で示す)で表したもので,結合のしかたを詳しく示し,分子の構造をわかりやすく示した式である.

【例】

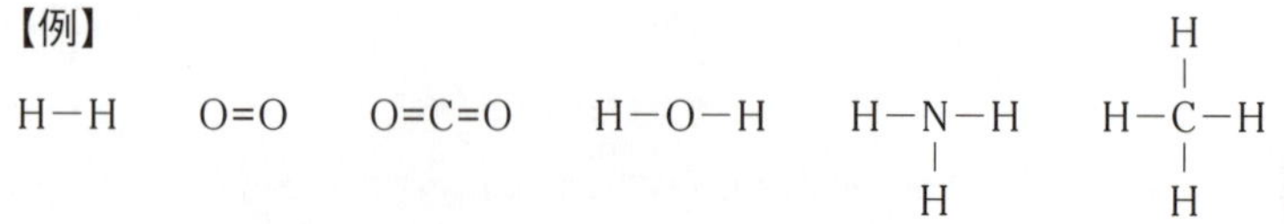

H−H　　O=O　　O=C=O　　H−O−H　　H−N−H　　H−C−H
　　　　　　　　　　　　　　　　　　　　|　　　　|
　　　　　　　　　　　　　　　　　　　　H　　　　H
水素　　酸素　　二酸化炭素　　水　　アンモニア　　メタン

ただし,共有電子対の数によって,単結合(−),二重結合(=),三重

結合（≡）という三種類の結合がある．単結合は飽和結合，二重結合と三重結合は不飽和結合である．

【例】　単結合：共有する電子対が一つ．C－C…C_2H_6, H_2O, Cl_2など
二重結合：共有する電子対が二つ．C＝C…C_2H_4（エチレン），O_2, CO_2など
三重結合：共有する電子対が三つ．C≡C…C_2H_2（アセチレン），N_2など

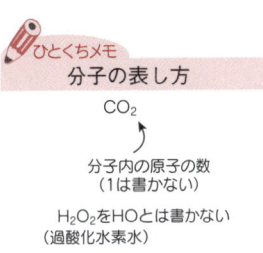

物質の性質を表す示性式

化学反応が起こるときに，まるで一つの原子のようにふるまう原子団のことを基というが，示性式は分子内に含まれる基を区別して，その化学的な性質や構造を示した式である．

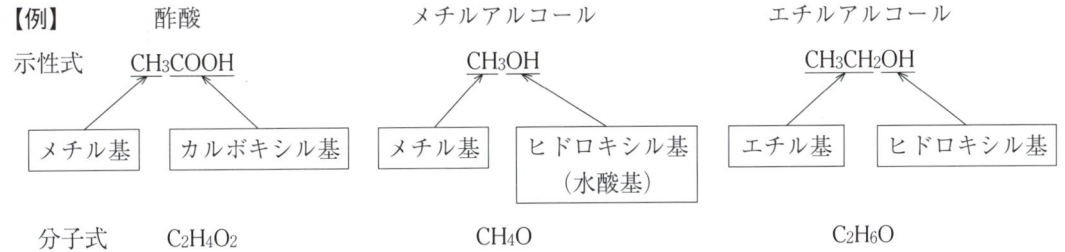

イオンを表すイオン式

イオン式は，原子記号の右上にイオンの価数(陽子の数－電子の数＝イオンの価数)を＋，－で示した式である．また，原子団で電気を帯びたものもイオンといい，基と同じようにほかのイオンと化学結合する性質がある．

【例】　イオン式

Na^+　　　Cl^-　　　Al^{3+}　　　Cu^{2+}
ナトリウムイオン　塩化物イオン　アルミニウムイオン　銅（Ⅱ）イオン

F^-　　　O^{2-}　　　Mg^{2+}
フッ化物イオン　酸化物イオン　マグネシウムイオン

【例】　原子団のイオン式

SO_4^{2-}　　　NO_3^-　　　OH^-　　　CN^-
硫酸イオン　硝酸イオン　水酸化物イオン　シアン化物イオン

ひとくちメモ　イオン結晶の電気伝導性

イオン結晶は，固体のままでは電気を通さないが，固体を水に溶かして水溶液にすると電気を通すようになる．規則正しく配列していた陽イオンと陰イオンが，自由に動くことができるようになるためである．

物質の結合を電子で表す電子式

電子式は原子記号のまわりに価電子を点(・)で表したもので，化学結合の状態を示した式である．

【例】	水素	炭素	酸素	窒素	塩素
	H	·C·	·O·	·N·	:Cl·

章末問題

1. 次の①〜③の陽イオンと陰イオンの組合せでできる化合物の組成式とその名称を書け.

   ① Na^+ と SO_4^{2-}, ② Mg^{2+} と Cl^-, ③ NH_4^+ と NO_3^-

2. 次の分子の構造式を書け.

   ① 水   ② CO_2 ③ CH_3OH(メタノール)

食品中の原子，分子，イオンの重さ

1　原子，分子，イオンの重さ

　食品などを構成している原子1個の質量はきわめて小さい．たとえば，水素原子H1個の質量は$1.7×10^{-24}$g（0.0000000000000000000000017g）である．また，炭素原子Cの1個の質量は$2.0×10^{-23}$gである．そのほかの原子の質量も，およそ10^{-23}〜10^{-22}gくらいである．これらの原子の質量をわかりやすく示す方法として，質量数と原子量がある．

質量数

　原子1個の質量は，その原子を構成するすべての粒子（陽子，中性子，電子）の質量の総和である．原子を構成する陽子と中性子それぞれ1個の質量はほぼ同じで$1.67×10^{-24}$gであるが，電子1個の質量は$9.10×10^{-28}$gであり，電子の質量は陽子や中性子の約1/1840程度である．つまり，陽子や中性子に比べると，電子の質量は無視できるほど小さく，原子の質量は原子核にある陽子と中性子の質量の和とほぼ等しいことになる．

　そこで，原子の質量は陽子と中性子の重さの総計で表される．陽子と中性子の質量は，ほとんど同じなので，陽子と中性子の粒子の重さをそれぞれ1として考え，陽子の数×1と中性子の数×1の和で表す．これを**質量数**といい，原子の重さはこの質量数で示す．

> **Keyword**　　　陽子の数　＋　中性子の数　＝　質量数

　ところで，水素原子には，陽子1個のみからなる水素原子と，陽子1個と中性子1個からなる水素とがあり，これらは互いに同位体である．

また炭素原子には，陽子6個と中性子6個をもつ炭素原子と，陽子6個と中性子7個をもつ炭素原子とがあり，これらも互いに同位体である．これら同位体の質量数は次のように計算できる．

	陽子の数	＋	中性子の数	＝	質量数	
水素原子	1	＋	0	＝	1	（質量数1の水素原子）
	1	＋	1	＝	2	（質量数2の水素原子）
炭素原子	6	＋	6	＝	12	（質量数12の炭素原子）
	6	＋	7	＝	13	（質量数13の炭素原子）

また，これら同位体の表記法は元素の左下に原子番号（陽子の数）を，左上に質量数を書いて表す（図1）．

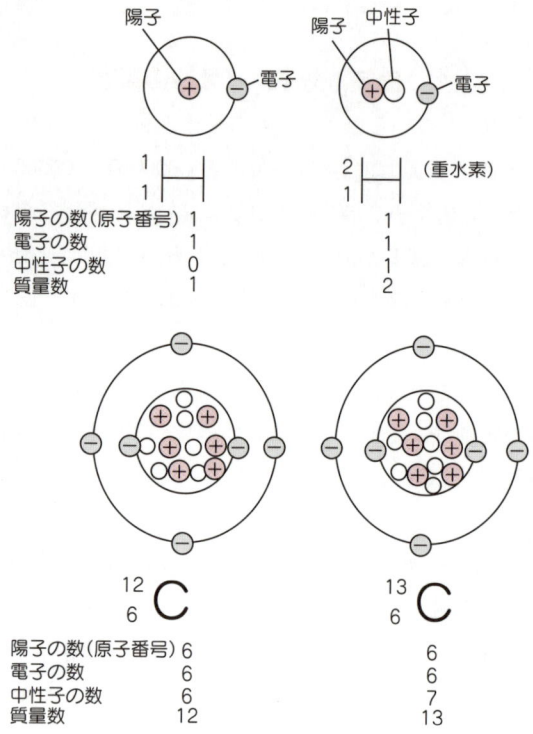

図1　水素と炭素の同位体の質量数

原子量

　原子量は質量数12の炭素原子の重さを12とし，これを基準に各元素の重さを比較した値である（図2）．

分子量

　分子量は，分子を構成している元素の原子量を基準として，分子の相対的な重さを表したものである（図3）．分子式がわかれば，分子を構成

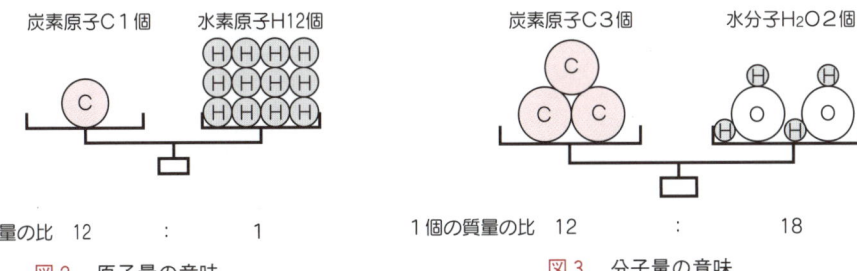

図2 原子量の意味　　　　　　図3 分子量の意味

している元素の種類と数がわかるので，次のようにして分子量を求めることができる．

【例1】 水 H_2O の分子量

H_2O は，H が二つと O が一つから構成されている．
H＝1.0（水素の原子量），O＝16.0（酸素の原子量）
であるから，

H_2O＝1.0×2＋16.0＝18.0（水の分子量）

したがって，水 H_2O の分子量は18.0である．

【例2】 二酸化炭素 CO_2 の分子量

CO_2 は，C が一つと O が二つから構成されている．
C＝12.0（炭素の原子量），O＝16.0（酸素の原子量）
であるから，

CO_2＝12.0＋16.0×2＝44.0（二酸化炭素の分子量）

したがって，二酸化炭素 CO_2 の分子量は44.0である．

組成式量（式量または化学式量）

イオン性物質や金属は，独立した分子の形をとらないので，分子式ではなく組成式で示す．組成式の分子量に相当するものを**組成式量（式量）**または**化学式量**という．組成式量は，分子量と同じく組成式に含まれている元素の原子量の総和で示す．次に，硝酸銀を例にした組成式量を示す．

【例】 硝酸銀 $AgNO_3$ の組成式量は，各原子量を加算することで求められる．

$AgNO_3$ は，Ag が一つと N が一つと O が三つから構成されている．
Ag＝107.9（銀の原子量），N＝14.0（窒素の原子量），
O＝16.0（酸素の原子量）であるから，

$AgNO_3$＝107.9＋14.0＋16.0×3＝169.9（硝酸銀の組成式量）

> **ひとくちメモ**
> **Ag の原子量**
> Ag＝108，N＝14，O＝16とした場合は，
> $AgNO_3$＝108＋14＋16×3＝170
> （硝酸銀の組成式量）

Agの原子量は107.8682だから，有効数字3桁なら108，4桁なら107.9になるのネ．

したがって，硝酸銀 AgNO₃ の組成式量は169.9である．

> **Keyword** 原子量：¹²C＝12 とし，これに対する他の原子の相対質量
> 分子量・組成式量：構成する原子の原子量の総和

2　小さな小さな粒子の化学の単位──モルとアボガドロ数

スーパーなどでは，米やゴマなどの小さな粒は1粒ずつ売られることはなく，たくさんの粒をまとめて(集団にして)一袋にして売っている(図4)．えんぴつなどは12本を1ダースという単位で販売している．化学で登場する原子，分子，イオン，電子などの粒子は，さらに小さな粒子である．

日常生活での数え方　　　　化学における数え方
鉛筆12本の集団を　　　$6.02×10^{23}$個の粒子の
1ダースの鉛筆という　　　集団を1モルという

図4　小さなものは一つにまとめて扱う

そこで化学では，原子，分子，イオン，電子などの粒子については，$6.02×10^{23}$個の集団の物質量を1モル(1 mol)と考え，**モル**という単位を使う．$6.02×10^{23}$という数は**アボガドロ数**という．たとえば，$6.02×10^{23}$個アボガドロ数の水分子18gの質量の水を「1 molの水」とか「水1 mol」などのように表す．このように，原子量や分子量にgをつけた質量の中

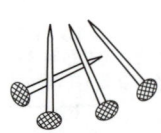

鉄Fe　55.8g

水

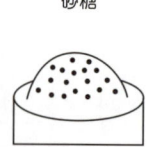 

砂糖　　　　　　食塩

水H₂O　18g　　ショ糖C₁₂H₂₂O₁₁　342g　　塩化ナトリウムNaCl　58.5g

図5　身近な物質の1 mol

には，$6.02×10^{23}$個の原子や分子が含まれている．したがって，32g（1モル）の硫黄Sや180g（1モル）のブドウ糖$C_6H_{12}O_6$の中にも，$6.02×10^{23}$個の硫黄原子やブドウ糖分子がそれぞれ含まれていることになる（図5）．

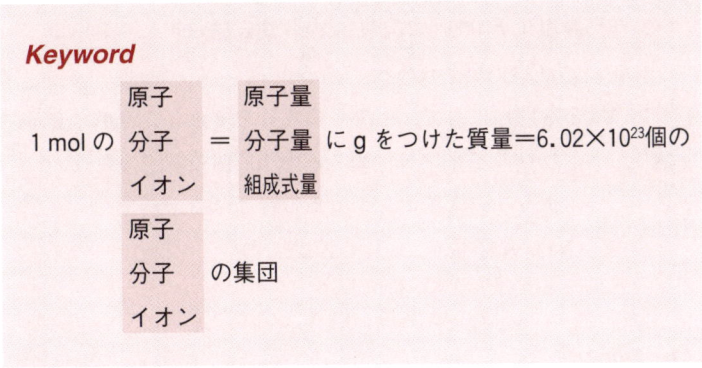

モルと原子量・分子量・式量との関係

原子や分子などの粒子1モル（$6.02×10^{23}$個の集団）の質量は，原子量や分子量にg（グラム）を付けた質量に相当する（図6）．

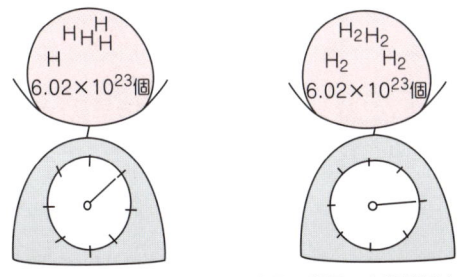

原子の質量：水素原子Hならば1g　　分子の質量：水素分子H_2ならば2g　　図6　$6.02×10^{23}$個の集団の質量

Keyword
$6.02×10^{23}$個の原子の集団の質量＝原子1モルの質量＝原子量（g）
$6.02×10^{23}$個の分子の集団の質量＝分子1モルの質量＝分子量（g）
$6.02×10^{23}$個の組成式で表す粒子の集団の質量
　　　　＝その粒子1モルの質量＝組成式量（式量）（g）

たとえば，H原子の$6.02×10^{23}$個の集団の質量
　　　＝H原子1モルの質量＝1.0g　（Hの原子量＝1.0）
　　C原子の$6.02×10^{23}$個の集団の質量
　　　＝C原子1モルの質量＝12.0g　（Cの原子量＝12.0）

化学反応の物質量

たとえば，水素分子二つと酸素分子一つが反応して水分子二つをつくる反応式は

2 H₂ + O₂ ⟶ 2 H₂O

で表すことができる。
質量保存の法則，定比例の法則，倍数比例の法則，気体反応の法則，アボガドロの分子説，アボガドロの法則について，p. 26, 27を参考にして，化学反応には，量的な関係が存在することを理解しておこう．

H_2O の 6.02×10^{23} 個の集団の質量
＝H_2O の分子 1 モルの質量＝18.0 g （H_2O の分子量＝18.0）である．

また，塩化ナトリウム NaCl の 6.02×10^{23} 個の集団の質量
＝塩化ナトリウム 1 モルの質量＝58.5 g
（NaCl の式量＝58.5）である．

イオンの場合も同様にして，1 モルの質量を求めることができる．すなわち，ナトリウムイオン Na^+ の 6.02×10^{23} 個の集団の質量
＝ナトリウムイオン 1 モルの質量＝23.0 g
（Na の原子量＝23.0）である．

Keyword

6.02×10^{23} 個の粒子の { 原子／分子／イオン／電子 } の集団を 1 モル（1 mol）という

この 6.02×10^{23} という数値をアボガドロ数という

もちろん，アボガドロ数と化学量(原子量，分子量)がわかっていれば，次の式によりそれぞれの粒子 1 個の質量を求めることができる．

Keyword

$$\text{原子 1 個の質量} = \frac{\text{原子量(g)}}{6.02 \times 10^{23} \text{個}}$$

$$\text{分子 1 個の質量} = \frac{\text{分子量(g)}}{6.02 \times 10^{23} \text{個}}$$

章 末 問 題

1. 次の設問に答えよ．ただし，アボガドロ数を6.0×10^{23}として計算せよ．$H=1$，$S=32$，$C=12$，$O=16$とする．
   (1) 1.5モルの二酸化炭素CO_2は何gであるか．
   (2) 16gの二酸化硫黄SO_2は何個の分子を含んでいるか．
   (3) 水分子1個の質量を求めよ．

2. 2種の塩素原子の同位体^{35}Clと^{37}Clが存在し，一定の存在比で混ざっている．塩素の原子量を35.5とすると，^{35}Clは自然界に何％存在することになるか．

3. 海水10kg中に含まれるナトリウムイオンNa^+の個数を求めよ．ただし，Na^+の含有量を0.1％とする．また，Naの原子量は23とする．ただし，アボガドロ数を6.0×10^{23}として計算せよ．

原子の概念を確立した基本法則

質量保存の法則(ラボアジェ，1774年)：反応前の各物質の質量の総和は，反応後の各物質の質量の総和に等しい．

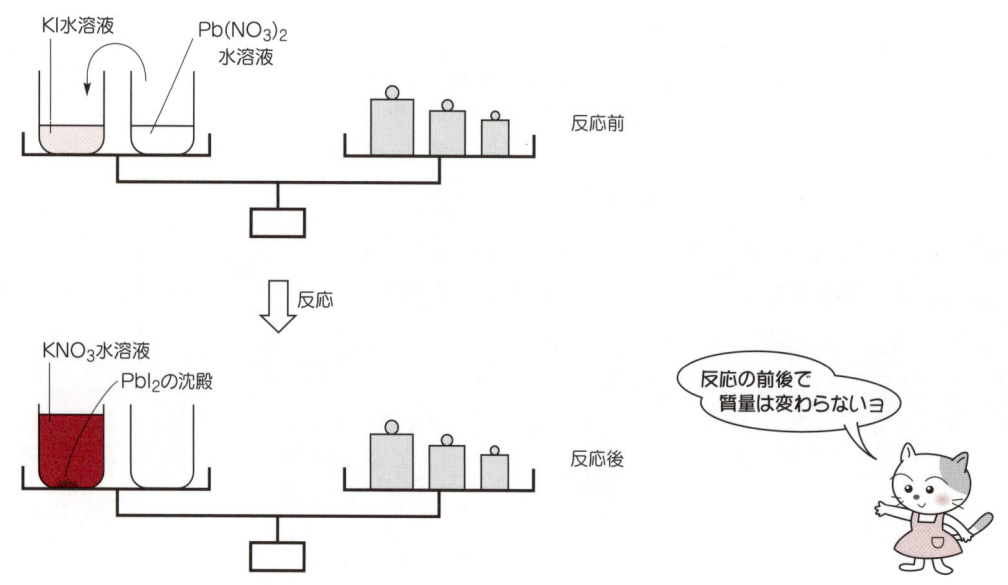

定比例の法則(プルースト，1799年)：一つの化合物の成分元素の質量比は，常に一定である．
【例】マグネシウム x g と酸素 y g の反応で酸化マグネシウムができるとき，x と y の間には比例関係が成り立つ．

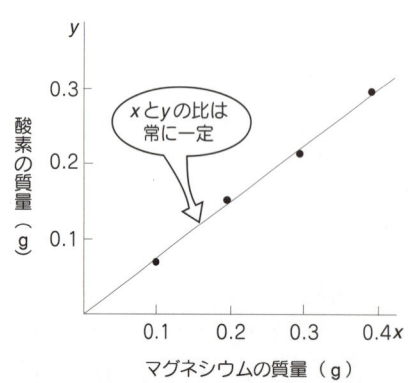

倍数比例の法則(ドルトン，1803年)：AとBの二元素を成分とする化合物が二種類以上あるとき，元素Aの一定量と結合している元素Bの質量との間には，簡単な整数比が成り立つ．

【例】
化合物	炭素	酸素	(炭素：酸素)
一酸化炭素 CO	12g	16g	(1：1)
二酸化炭素 CO_2	12g	32g	(1：2)

ドルトンの原子説(ドルトン，1803年)：ドルトンは，1803年，質量保存の法則，定比例の法則などを合理的に説明するため，原子説を唱えた．
① すべての物質は，それ以上分割できない原子からできている．② 同一の原子は，大きさや質量，性質が等しい．③ 化合物は，異なる原子が一定の数の割合で結合したものである．④ 化学変化は，原子の集まり方が変わるだけで，原子はなくなることも，新しく生まれることもない(次ページ参照)．

分子の概念を確立した基本法則

気体反応の法則(ゲーリュサック，1808年)：気体反応では，反応した気体や生成した気体の体積間に，簡単な整数比が成り立つ．

【例】 $2H_2 + O_2 \longrightarrow 2H_2O$ では，
$H_2 : O_2 : H_2O = 2 : 1 : 2$（体積比）

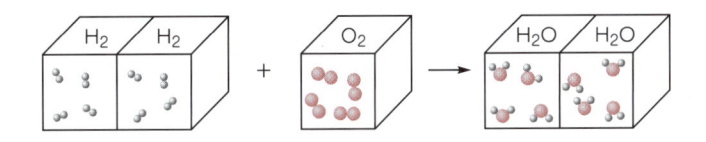

アボガドロの分子説(アボガドロ，1811年)：気体反応の法則を説明するとき，ドルトンの原子説では矛盾が生じる．アボガドロは，この矛盾を解決するため，分子説を発表した．
① 単体も化合物も，すべて気体は最小粒子の分子からできている．② 同一の気体の分子は，大きさや質量，性質が等しい．③ 分子は，いくつかの原子からできている．

アボガドロの法則(アボガドロ，1811年)：同じ温度，同じ圧力のもとでは，どんな気体でも，同じ体積中に同じ数の分子が含まれている．

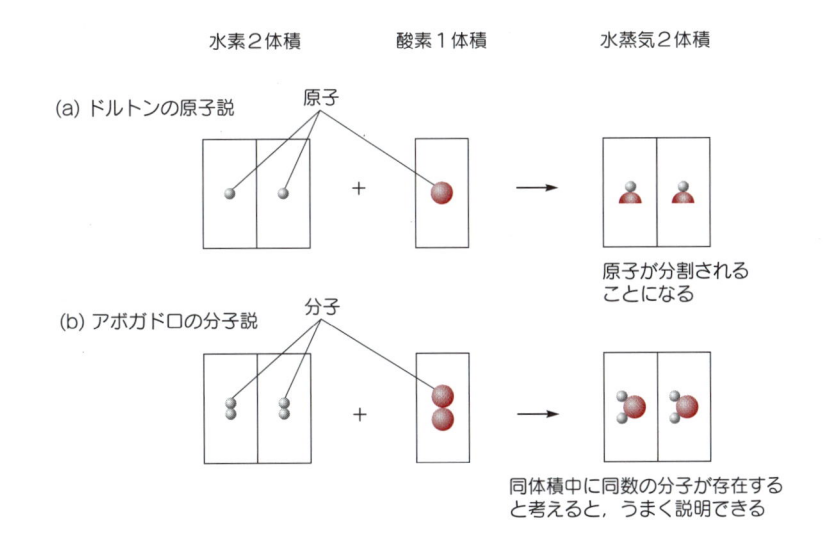

(a) ドルトンの原子説 — 原子が分割されることになる

(b) アボガドロの分子説 — 同体積中に同数の分子が存在すると考えると，うまく説明できる

3 食品の状態とその変化

　私たちの身のまわりの物質は，固体，液体，気体のいずれかの状態（形）で存在している．いまある物質の状態は，物質がおかれている環境条件によって支配されている．したがって，同じ物質でも，温度や圧力などの環境条件が異なると，その物質の状態が変化する．たとえば，水は，固体の氷，液体の水，気体の水蒸気と三とおりの状態（三態）で存在できる．物質の三態には，それぞれどのような特性があるのだろう？また，三態の間にはどのような関係が成り立つのだろうか？

1　物質の三態（固体，液体，気体）

　固体，液体，気体のいずれかの状態で存在している物質が，環境条件の変化によっては，別の状態で存在することもある．たとえば，温度を上げていくと，氷（固体）は融解し水（液体）となり，水（液体）は蒸発し水蒸気（気体）となるといった状態の変化が起こる．

　このような物質の状態変化は，その物質を構成している粒子（原子，分子，イオン）間の距離・引力の大きさ，さらには粒子の熱運動量が変化することによって生じる．

固　体

　固体は構成粒子間の距離が小さく，引力も大きいので，粒子は少し振動するだけである．これが，固体に決まった形と一定の体積を与えている．固体には，ガラスやパラフィンのような決まった結晶構造をもたないものと，食塩（塩化ナトリウム）やダイヤモンド（炭素）のような結晶構造をもつ結晶性固体の二つの種類がある（1章参照）．結晶性固体の粒子は規則的な繰返しのある配列パターンから成り，結晶性固体の性質は，

表1 結晶性固体の性質

性質	共有結合結晶	金属	イオン結晶	分子結晶
融点	きわめて高い	高い	高い	低い
硬さ	きわめて高い	やや硬い	硬く，もろい	軟らかい，もろい
展性・延性	なし	ある	なし	なし
伝導性	なし	ある	なし	なし
水に対する溶解性	なし	なし	大きい	一般に小さい
有機溶媒に対する溶解性	なし	なし	小さい	一般に大きい

固体をつくっている粒子(原子，分子，イオン)によって大きく異なる(表1)．

固体の温度を上げていくと，ある温度で固体がとけて液体へと変わり始める(融解)．このときの温度を融点という．さらに加熱し続けても固体が完全にとけきるまでは，温度の上昇は見られない．これは，加えられた熱がすべて固体の粒子間の引力を切るために使われたためである．融点において固体を完全に液体に変えてしまうのに必要な熱量を融解熱(cal/g，kcal/mol)という．

液 体

液体は，決まった形はもたないが，一定の体積はもつ．これは，液体の分子間には弱い引力が働いて集まっているからである．したがって，宇宙船などの無重力状態でも，液体は小滴となって存在することになる．液体の分子は絶えず動いて，互いに位置を変えたり，衝突しあったりしている．液体の表面付近の分子同士が衝突すると，液体表面から飛びだす分子も現れる．この現象が蒸発である．液体の蒸発速度は，液体の温度と表面積に依存している．液体の温度が上がるにつれて分子運動は活発となり，液体表面から蒸発できる分子の数も増大する．やがて，容器の底で生まれた泡が表面に次つぎ到達して液体の内部からも蒸発が起こるようになる．これが沸騰であり，このときの温度を沸点という．沸騰している間は，液体の温度は上昇しない．これは，加えられた熱がすべて液体の分子間力を切るために使われたためである．沸点において液体を完全に気体に変えてしまうのに必要な熱量を気化熱(蒸発熱)(cal/g，kcal/mol)という．

気 体

気体は決まった形と一定の体積をもたない．気体の分子同士は距離が離れているので分子間力が働かず，気体分子は容器内を自由に動きま

ひとくちメモ
水の沸点と気化熱
水の沸点および気化熱は，100℃，539cal/g(9.71kcal/mol)である．すべての液体が気体になったのち，さらに熱を加え続けると，温度は上昇する．

ひとくちメモ
昇 華
水の融点および融解熱は，0℃，80cal/g(1.44kcal/mol)である．すべての固体が液体になったのち，さらに熱を加え続けると，温度は上昇する．しかし，分子性結晶からなるヨウ素(I_2)やドライアイス(固体の二酸化炭素)の固体の分子間力は大変弱く，常温・常圧のもとで液体を経ることなしに，直接，気体になる．これを昇華という．

わっている．気体分子の運動は，温度に依存し，温度が高ければ分子の動きは活発になり，低ければ分子の動きは緩慢になる．また，気体分子の平均運動エネルギーは，同一温度なら気体を問わず不変で，衝突によるエネルギーの損失もない．気体分子は冷やされる（熱を奪われる）と，運動量が落ち，ついには分子は**凝縮**して，液体に戻る．寒い朝に，空気中の水蒸気（湿気）が自動車の冷たいフロントガラスに触れて，そのうえで水滴になる現象は凝縮のよい例である．

表2 物質の三態の性質

性 質	気 体	液 体	固 体
体 積	決まった体積をもたない（気体は膨張すると容器を満たす）	一定の体積をもつ	一定の体積をもつ
形	決まった形をもたない	決まった形をもたない（液体は容器の形をとる）	決まった形をもつ（ほとんどの固体はきちんとした結晶性配列をとる）
圧縮性	容易に圧縮される	圧縮しにくい	圧縮できない（ほとんど圧縮不能）

物質の三態の性質を表2に，物質の三態の関係を図1に，水の状態変化を図2に示す．

図1 物質の三態の関係

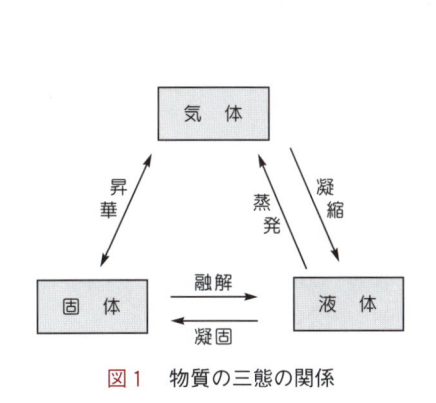

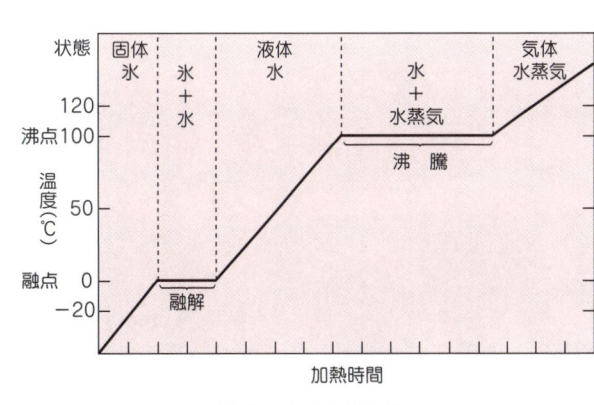

図2 水の状態変化

2 気体の体積と圧力・温度の関係

ボイル・シャルルの法則

一定質量の気体の体積は，圧力や温度に応じて変化する．ボイルは，「温度が一定であれば，一定質量の気体の体積は，加えた圧力に反比例

して変化する」(ボイルの法則)ことを発見した．また，シャルルは，「圧力が一定であれば，一定質量の気体の体積は，絶対温度に正比例する」(シャルルの法則)ことを発見した．ボイルの法則とシャルルの法則から，気体の体積と圧力・温度の間には，「一定質量の気体の体積(V)は圧力(P)に反比例し，絶対温度(T)に正比例する」(ボイル・シャルルの法則)という関係が導きだされた．これを式で表すと，

$$PV = kT \quad (k は比例定数) \quad \cdots\cdots ①$$

となる．

> **Keyword**
> ボイル・シャルルの法則：気体の体積は圧力に反比例し，絶対温度($T = 273 + t$)に比例する
> $$\frac{P_1 V_1}{T_1} = \frac{P_2 V_2}{T_2} \quad (計算に使う温度は絶対温度)$$

気体の状態方程式

標準状態(1気圧，0℃=273K)では1 molの気体はすべて22.4 l であるから，この値を上の式①に代入すると，

$$1\,(\text{atm}) \times 22.4\,(l/\text{mol}) = k \times 273\,(\text{K})$$

$$\therefore k = \frac{1(\text{atm}) \times 22.4(l/\text{mol})}{273(\text{K})}$$

$$= 0.082 \frac{\text{atm} \cdot l}{\text{K} \cdot \text{mol}}$$

となる．ここで，$0.082 \dfrac{\text{atm} \cdot l}{\text{K} \cdot \text{mol}}$ を R(気体定数)とおき，式①を表すと

$$PV = 0.082T = RT$$

となり，1 molの気体における圧力・温度，および体積の関係を知ることができる．

次に，n molの気体を考えると，0℃，1気圧では気体の体積は，$22.4 \times n\ l$ となる．
これを式①に代入すると，

$$k = \frac{1 \times 22.4n}{273} = 0.082n \frac{\text{atm} \cdot l}{\text{K} \cdot \text{mol}}$$

となる．
よって，n molの気体については次式の関係が成り立つ．

$$PV = 0.082nT = RnT = nRT \quad \cdots\cdots ②$$

この式②を気体の状態方程式という．

気体質量 w g（分子量 M）のモル数 n は，$\dfrac{w}{M}$ mol となる．P atm，T K の条件下，この気体の体積を V l とすると，式②は，

$$PV = \left(\dfrac{w}{M}\right)RT \quad \cdots\cdots ③$$

となる．

したがって，圧力（P），体積（V），絶対温度（T）および気体の質量（w）さえわかれば，式③から気体の分子量 M を求めることができる．

> **Keyword**
> 気体の状態方程式：$PV = nRT$（R＝0.082〔atm・l/mol・K〕）
> （単位に注意．圧力→atm，温度→K，体積→l）

3　物質が液体に溶けて溶液になるしくみ

溶解とは・・・？

　液体中に他の物質が溶けて，均一な混合物ができる現象を溶解といい，物質が溶け込んだ液体を溶液という．このとき液体中に溶け込んだ物質を溶質といい，液体を溶媒とよぶ．ちなみに，水溶液は水が溶媒の溶液である．

　溶質には，物質の三態，いわゆる固体，気体，液体のすべてがなりうる．たとえば，生理食塩水は水に固体の塩化ナトリウムが溶解してできた溶液である．炭酸飲料は水の中に二酸化炭素の気体が溶解してできた

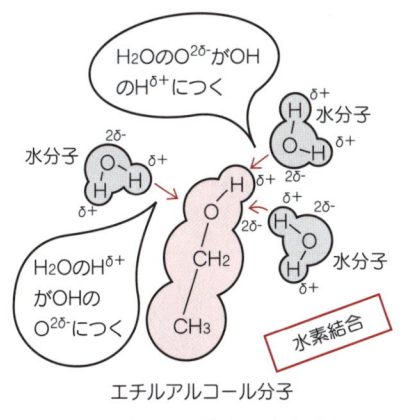

図3　水分子の構造と水素結合

溶液である．お酒は水に液体のエチルアルコールが溶解してできた溶液である．

物質が水に溶解するしくみを考えるうえで，まず水分子の性質を知る必要がある．水分子 H_2O は水素原子側が正に帯電（$H^{\delta+}$）し，酸素原子側が負に帯電（$O^{2\delta-}$）した極性分子である（図３）．したがって，塩化ナトリウム NaCl のようなイオン結晶を水中に入れたときは，ナトリウムイオン Na^+ は負の電荷を帯びた酸素原子と，塩化物イオン Cl^- は正の電荷

> **ひとくちメモ**
> **デルタ（δ）**
> ギリシャ文字（小文字）「δ」は「デルタ」と読む．

column

飲んでおいしい水の条件とは？

現在，都市圏で蛇口さえひねれば，いつでもおいしい水が飲めるというところがあるだろうか？ おいしい水が飲みたければ，「買って飲む」か，「高価な浄水器を使用して，水を一度処理して飲む」かの，どちらかになった．いつしか日本の都市圏では欧米のように，おいしい水を手に入れるためにはお金がかかる時代になってしまったのである．

私たちが飲んでおいしいと感じる水は，どのような水だろうか？ この基準が，「おいしい水の要件」，またはこの要件を少し緩和した「おいしい水の条件」（下表）として示されている．これによると，おいしい水の条件とは，ミネラル成分をバランスよく含み

「おいしい水のインデックス

$$O\ index = \frac{Ca+K+SiO_2(水をおいしくさせる成分)}{Mg+SO_4(水をまずくさせる成分)}$$

$$\geq 2.0\ mg/mg」$$

を満足するもので，硬度が高すぎず，有機物や残留塩素も少なく，二酸化炭素が少し溶け込んだ無臭に近い冷たい水ということになる．

もちろん，ここに上げた条件を満たした水は，飲めばおいしいと感じるであろうが，水のおいしさは，飲む人の味覚や状況によっても影響を受けることはまちがいない．

	水質項目	条　件	味　に　及　ぼ　す　影　響
水をおいしくする要素	蒸　発　残　留　物（ミネラル分）	30〜200mg/l	おもにミネラルの含有量を示し，量が多いと苦味，渋味などが増し，適度に含まれると，こくのある，まろやかな味がする
	硬　　　度*（カルシウム，マグネシウム）	10〜100mg/l	ミネラルの中で量的に多いカルシウム，マグネシウムの含有量．少ないとくせがなく，多いと好き嫌いがでる．マグネシウムの多い水は苦味を増す
	遊　離　炭　酸（炭酸ガス）	3〜30mg/l	水にさわやかな味を与えるが，多いと刺激が強くなる．少ないと気の抜けた味になる
水の味を損なう要素	過マンガン酸カリウム消費量（有機物の量）	3mg/l 以下	有機物量を示し，多いのは汚染がひどいことを示し，水の味がまずくなる渋味をつけ，多量に含むと塩素消費量に影響して水の味を損なう
	臭　　気　　度	3以下	水源の状況により，さまざまな臭いがつくと不快な味がする
	残　留　塩　素	0.4mg/l 以下	水にカルキ臭を与え，濃度が高いと水の味をまずくする
	水　　　　　温	20℃以下	適温は10〜15℃（体温より20〜25℃低い温度）．水は冷たいほうがおいしく感じられる．発臭物質の揮散が減る

厚生省，おいしい水研究会（1985）．

硬度*：カルシウム（Ca の原子量：40.078）が7.13mg/l（1.78×10^{-4} mol/l，炭酸カルシウム $CaCO_3$ 換算で17.8mg/l）溶解している水の硬度を1とする．マグネシウム（Mg の原子量：24.305）量はカルシウム量に換算（Mg 量×1.6490）して，カルシウム相当量とする．硬度は，水に含まれる（Ca+Mg の総量）(mg/l)を7.13mg/l で割った数値である．この数値が10以下なら軟水，20以上なら硬水とよぶ．アメリカでは，炭酸カルシウム相当量 mg/l（ppm）に換算して表す．この数値が100mg/l 以下なら軟水，250mg/l 以上を硬水とよぶ．

を帯びた水素原子とくっついて，両イオンともそれぞれ水分子に取り囲まれてしまう．このように，水分子が溶質イオンにくっついて取り囲んでしまう現象を水和といい，イオン結晶は水和分子となって水に溶けるのである．また，イオンに分かれないエタノール C_2H_5OH のような分子が水によく溶けるのは，分子中にヒドロキシル(水酸)基−OH とよばれる，やはり水和しやすい基(親水基)をもっているからである．ヒドロキシル(水酸)基−OH は水分子と同様に，水素原子側が正の電荷を帯び($H^{\delta+}$)，酸素原子側が負の電荷を帯びた($O^{2\delta-}$)極性基である．したがって，水の中では，エタノールのヒドロキシル(水酸)基の酸素原子 $O^{2\delta-}$ と水分子の水素原子 $H^{\delta+}$ が，ヒドロキシル(水酸)基の水素原子 $H^{\delta+}$ と水分子の酸素原子 $O^{2\delta-}$ がそれぞれくっついて(水素結合)，水和が起こる．このために，エタノールは水によく溶けるのである(図3参照)．

Keyword

溶媒 ＋ 溶質 →(溶解) 溶液
(溶かす物質) (溶ける物質)

Keyword

溶解と極性
- 水に溶ける物質：極性物質
- 非極性溶媒に溶ける物質：非極性物質

溶解度と溶解平衡

水のような極性溶媒は極性物質をよく溶かし，エーテルのような非極性(無極性)溶媒は，水に溶けない非極性物質をよく溶かす．このような溶媒と溶質の相性のよさを称して，「似たもの同士はよく溶ける」という言葉がある．

しかし，一定量の溶媒に溶質が無限に溶けることはない．溶解度とは，溶媒に溶ける溶質の程度をいう．溶媒への溶質の溶解度は，溶媒と溶質の相性，温度，圧力に依存する．一般に，固体の溶解度は溶媒100g 中に溶解しうる溶質のグラム数で表され，温度が高くなるほど一般に大きくなる．溶質の固体が溶媒に最大限溶けこんだ状態の溶液のことを飽和溶液という．飽和溶液では固体が溶液中に溶けこんでいく速さと，溶液中から再び固体にもどる速さがちょうど等しい状態になっている．これを溶解平衡という．

ひとくちメモ
二酸化炭素の溶解度

夏の暑い盛り，冷えるのが待ちきれずに炭酸飲料の栓を抜き，衣服をぬらしてしまったことはないだろうか？ 温かい炭酸飲料はよく冷えたものに比べて二酸化炭素の溶解度が小さいので，蓋をあけると，よく泡立つ．また，蓋をあける瞬間，容器内部の圧力が減少するため，水中に溶解していた二酸化炭素が泡となり，勢いよく容器外に吹きだすのである．ビール，サイダー，コーラなどの炭酸飲料は，二酸化炭素の溶解度を上げるために，低温(5℃)，高圧(3.5気圧)のもとで二酸化炭素を溶かしこんでつくられている．

> **Keyword**
> 溶解平衡：溶解する速さ ＝ 析出する速さ

　溶質が気体の場合，液体への気体の溶解度は，温度が低いほど，また圧力が高いほど一般に大きくなるといえる．

　気体の溶解度は，**ブンゼンの吸収係数**とよばれる「ある温度，1気圧のもとで $1\,cm^3$(ml)の溶媒に溶解している気体の体積を，標準状態（0℃，1気圧）の体積に換算した値(cm^3または ml)」で表される．なお，溶ける気体の質量は圧力に比例する(**ヘンリーの法則**)．表3に，代表的な気体(空気，酸素，窒素，水素，二酸化炭素)の水への溶解度と温度との関係を示しておく．

表3　気体の溶解度と温度の関係

温度(℃)	空気	酸素(O_2)	窒素(N_2)	水素(H_2)	二酸化炭素(CO_2)
0	0.029	0.049	0.024	0.022	1.71
20	0.019	0.031	0.016	0.018	0.88
40	0.014	0.023	0.012	0.016	0.53
60	0.012	0.019	0.01	0.016	0.36
80	0.011	0.018	0.0096	0.016	
100	0.011	0.017	0.0095	0.016	

※ 1 atm の気体が $1\,cm^3$(ml)に溶解するときの体積〔0℃，1 atm に換算した値(cm^3)〕

> **Keyword**
> 溶解度　固体：溶媒100g に溶けることができる溶質の g 数
> 　　　　気体：溶ける気体の質量は圧力に比例(ヘンリーの法則)

4　コロイド粒子とその特徴

　コロイド粒子は，沪紙を通過できるが，セロハン膜などの半透膜を通過できない直径 $1\,nm(10^{-9}m) \sim 1\,\mu m(10^{-6}m)$ 程度の微粒子である(図4)．コロイド粒子が溶媒中に均一に分散した溶液のことを**コロイド溶液(ゾル)**とよぶ．コロイド粒子の大きさは，懸濁液(放置しておくとやがて沈殿物が生じる溶液)中の固体粒子よりも小さく，真の溶液(溶媒粒子と溶質粒子の大きさが同程度の溶液)中の粒子よりも大きい．

　コロイド粒子の構造には3タイプある．

図4 コロイド粒子の大きさ

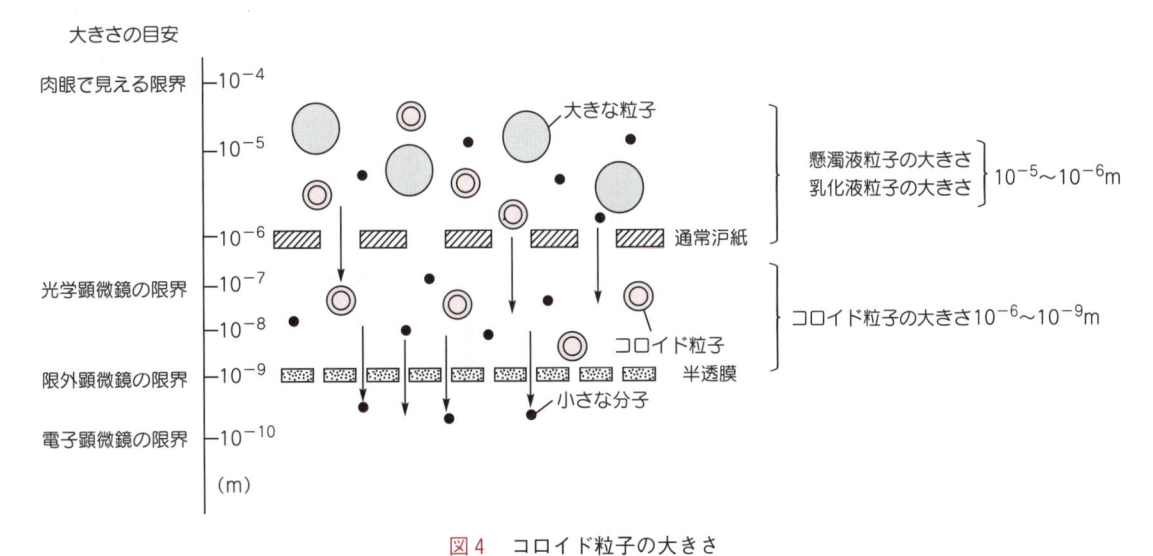

- **分子コロイド**：分子一つがコロイドの大きさをもつもの(デンプン，タンパク質などの高分子).
- **会合コロイド(ミセルコロイド)**：小さい分子が集まってコロイド粒子程度の大きさになったもの(セッケンなどの界面活性剤).
- **分散コロイド**：不溶性の固体(無機物質)がコロイド粒子程度の大きさになったもの(金，銀など多くの金属).

コロイドは，分散質(分散しているもの)と分散媒(分散させているもの)との組合せによって八つに分類される(表4).

表4 コロイドの分類

種類	分散質	分散媒	実例
エーロゾル	液体	気体	霧, 雲, 蒸気, スプレー
	固体	気体	煙, 粉塵
泡沫	気体	液体	スプレーフォーム
エマルション	液体	液体	牛乳, 乳液, クリーム, マヨネーズ
サスペンション	固体	液体	ペンキ, 印刷インク, 墨汁
ゲル	気体	固体	スポンジ, ウレタンフォーム, 木炭
	液体	固体	寒天, ゼラチン, 含水シリカゲル
固体コロイド	固体	固体	色ガラス, オパール, 感光乳剤

大城芳樹ほか，「図表で学ぶ化学」，化学同人(1999), p. 62.

さまざまなコロイド

5 コロイド溶液の特徴

私たちの身のまわりには，牛乳，マヨネーズ，ケチャップ，ドレッシングなどコロイド溶液の食品が数多くある．まずコロイド溶液の特徴

を以下にあげる．

チンダル現象：コロイド溶液に光をあてると，光はコロイド粒子によって散乱し，光路が見える（図5）．この現象をチンダル現象とよび，発見者のジョン・チンダル（イギリス）の名前にちなんでつけられた．

図5 チンダル現象
「高等学校精解化学ⅠB」，
数研出版（写真 仲下雄久）．

ブラウン運動：コロイド溶液中では分散媒分子とコロイド粒子との衝突により，コロイド粒子の無秩序な動きが生まれる．この動きをブラウン運動とよび，発見者のロバート・ブラウン（イギリス）の名前にちなんでつけられた．

吸着：コロイド粒子の中には微小な空間があり，単位質量あたりの表面積が非常に大きい．このために，コロイド粒子は他の物質を大量に吸着できるのである．たとえば，空気中の湿気を取り除くために使用されるシリカゲル1gあたりの全表面積は500 m^2 であり，水道水中のいやな臭いの除去のために使用される活性炭1gあたりでは500〜1000 m^2 にも上る．

電気泳動：コロイド粒子は，電荷を帯びている．コロイド溶液に電流を流すと，コロイド粒子は帯電している電荷とは逆の電極側へ移動する．このような現象を電気泳動という．

帯電しているコロイド溶液に逆の電荷を帯びた電解質を加えると，コロイドは沈殿する．このような現象を凝析という．少量の電解質で凝析するコロイドを疎水コロイドとよび，多量の電解質を加えないと沈殿しないコロイドを親水コロイドとよぶ．とくに，多量の電解質によってコロイドが沈殿する現象を塩析とよんでいる．

ひとくちメモ
保護コロイド：墨汁
疎水コロイドに親水コロイドを加えると，疎水コロイドは沈殿しにくくなる．このような親水コロイドを保護コロイドという．墨汁は，疎水コロイドの炭素に親水コロイドのにかわを加えたもので，ちょうど，にかわが保護コロイドの役割を果たしている．

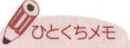

ひとくちメモ
ゲルと食品例
コロイド溶液（ゾル）がそのまま固まったものをゲルとよぶ．たとえば，寒天，ゆで卵，こんにゃく，豆腐などがある．

Keyword
保護コロイド：疎水コロイドに親水コロイドを加えて安定化したコロイド溶液…水和しているため沈澱しにくい

> **Keyword** コロイド溶液の性質
> チンダル現象：光の通路が見える…コロイド粒子が光を散乱
> ブラウン運動：コロイド粒子の不規則な運動…溶媒の分子運動
> 透析：コロイド溶液の精製…コロイド粒子は半透膜を通過できない
> 電気泳動：コロイド粒子の電極への移動…コロイド粒子の帯電
> 凝析：少量の電解質を加えると沈澱…疎水コロイド
> 塩析：多量の電解質を加えると沈澱…親水コロイド

章末問題

1 固体が液体を経ないまま直接，気体に変わることを何というか．また，そのような物質の例をあげよ．

2 100 m まで潜水したダイバーには，圧力が 11 atm かかる．ダイバーが体積 10 ml の泡を吐きだしたとすると，この泡が海面に到達したときには体積はいくらになるか．ただし，温度は変化しないものとする．

3 温度 25℃，圧力 4.35 atm の下で，1.50 l の体積を占めている 11.8 g の気体試料がある．
  （1）気体の分子量を求めよ．
  （2）求めた分子量から，気体は，酸素 O_2，窒素 N_2，二酸化炭素 CO_2 のうち，いずれの気体と考えられるか．

4 一度，栓を抜いた炭酸飲料は，冷蔵庫の中より庫外のほうが，早く気が抜けてしまうのはなぜか．

5 空欄に適当な語句を入れなさい．
  液体が液体の中に分散しているコロイドのことを（①）という．（①）には，マヨネーズ，サラダドレッシング，牛乳のように（②）の中に（③）が分散している（④）型と，バター，マーガリン，クレンジングクリームのように（⑤）の中に（⑥）が分散している（⑦）型とがある．前者は水の性質が強く，このような汚れは水洗いだけで落ちるが，後者は油の性質が強く，この汚れは洗剤を使わなければ落ちない．

物質の測定

正確と精度

科学的な研究には，正確かつ精度の高い測定が要求される．ここでいう正確な測定とは，測定された値が真の値に等しいことを意味している．また精度の高い測定とは，常に再現性のある近似した測定値が得られることを指している．つまり，精度の高い測定が必ずしも正確な測定であるとは限らない．

たとえば，アーチェリーの的を考えてみよう（下図1）．射手の放った矢がいつも互いに近い場所に刺さるときには射手の精度が高い（図B）といえ，すべての矢がど真ん中に刺さるときには射手の腕前が正確かつ精度が高いということになる（図C）．

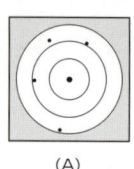

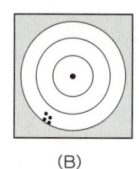

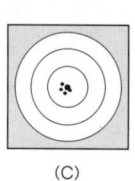

図1 正確と精度の関係
的Aを射た射手は精度も低く，正確さもない．
的Bを射た射手は精度は高いが，正確ではない．
的Cを射た射手は精度が高く，正確でもある．

有効数字

有効数字とは，確かな数字に，不確かな数字を1桁加えて得られる数字のことをいう．有効数字は桁数が多いほど，精密な測定値である．たとえば，長さの測定値が2.1cmと2.15cmとなったとしよう．前者の有効数字は2桁，後者の有効数字は3桁となり，後者のほうがより精密な測定値である．測定値同士の計算だが，加減法の計算では，答の有効数字は，そこで使用された数字の中で小数点以下の桁数が最も小さいものに合わせることである．また乗除法では，そこで使用された数字の中で有効数字の桁数が最も小さいものに合わせることである．

●加減法の計算の例題

$$12.⑦ + 10.3③ = 23.⓪③$$

小数点以下の桁数が小さいほうは12.7なので，答は，小数点第2位を四捨五入して23.0となる．

$$28.7③ - 0.1③ = 28.6⓪$$

末端の有効数字の位がともに小数点以下2桁目になるので，答は，そのまま28.60となる．
（○で囲まれた数字は不確かな数字）

●乗除法の計算の例題

$$13.2 \times 0.03 = 0.396$$

13.2の有効数字の桁数は3で0.03の有効数字の桁数は1であるので，答の有効数字は1桁となり，0.396を有効数字1桁にまとめると答は0.4となる．

$$55.5 \div 5.0 = 11.1$$

55.5の有効数字の桁数は3で，5.0の有効数字の桁数は2であるので，答の有効数字は2桁となり，11.1を有効数字2桁にまとめると答は11となる．

表1 数字0（ゼロ）の扱い方

有効数字になる場合	有効数字にならない場合
① 0以外の数字にはさまれている0 例：102(3), 1.02(3)	① 小数点以下の位取りの0 例：0.15(2), 0.0015(2)
② 小数点以下末端の0 例：10.0(3), 1.00(3), 0.100(3)	② 整数の位取りの0 例：1200(2)．ただし，1.20×10^3(3)

カッコ内は有効数字の桁数を表している．

column

コラム：物質の測定

SI 単位

　SI とは，Système International d'Unités（国際単位系）の略である．SI 単位は，長さ，質量などの基本単位とこの基本単位の10倍，1/10倍などを表す10進法の接頭語から成り立っている．基本 SI 単位を表2 に示す．また，表3 によく使われる接頭語を示す．

表2　基本 SI 単位

量	単位	記号
長さ	メートル	m
質量	キログラム	kg
時間	秒	s
温度	ケルビン	K
物質量	モル	mol
電流	アンペア	A
光度	カンデラ	cd

表3　SI 単位の接頭語

接頭語	記号	倍数
ナノ	n	$0.000000001 (10^{-9})$
マイクロ	μ	$0.000001 (10^{-6})$
ミリ	m	$0.001 (10^{-3})$
センチ	c	$0.01 (10^{-2})$
デシ	d	$0.1 (10^{-1})$
デカ	da	10
ヘクト	h	$100 (10^2)$
キロ	k	$1000 (10^3)$
メガ	M	$1000000 (10^6)$
ギガ	G	$1000000000 (10^9)$

長さ

　長さの SI 基本単位は，メートル（m）である．イギリスの長さの基本単位であるインチ（inch：in，(複) ins）やマイル（mile：m，mi）を SI 単位に換算するときには，1 inch ≒ 2.54cm，1 mile ≒ 1.61km を使用する．

体積と容量

　体積の SI 基本単位は，立方メートル（m³）である．しかし液体の量を表す場合は，リットル（l）が用いられる．1 m³ ＝ 1000l，したがって，1 cm³ ＝ 1 ml（cc）である．イギリスの体積の基本単位である液量オンス（ounce：oz），パイント（pint：pt），ガロン（gallon：gal）を SI 単位に換算するときには，1 ounce ≒ 28.35ml，1 pint ≒ 568ml，1 gallon ≒ 4.55l を使用する．ところで，海外旅行をしたときに免税扱いとなる香水の数量は，2 液体オンス（約56.70ml）までである．

密度と比重

　密度とは，物質の単位体積あたりの質量のことである．「密度＝質量／体積」．密度の SI 基本単位は，立方メートルあたりのキログラム（kg/m³）である．物質の体積は温度によって変化するので，密度も温度によって変化する．通常，化学文献などに掲載されている密度は，20℃での密度である．ちなみに，水の密度は，1.00g/cm³（4℃）である．比重とは，ある物質の密度と水の密度との比である．「比重＝物質の密度／水の密度」（比重には単位はない）．比重から，その物質が同体積の水よりどれだけ重いか，軽いかがわかる．たとえば，エタノールの比重は0.789で，水より軽い．

質量と重量

　質量の SI 基本単位はキログラム（kg）である．質量とは，「物体がもつ物質の量」のことであり，重量とは「物体にかかる重力の大きさ」のことである．したがって，体の質量はどこにいても変わらないが，体の重量は，いる場所によって変化する．地球では，とくに「質量」と「重量」という言葉を区別しないで用いてもよいが，厳密には，重量は「重量＝質量×重力加速度」と定義されている．したがって，地球上で体重が60kgのヒトは月に行けば10kgの体重となり（月の重力は地球の重力の6分の1しかないため），宇宙では重力がかからないので体重はゼロとなる．イギリスの重量の基本単位であるオンスやポンド（pound：lb）を SI 単位に換算するときには，1 ounce $\left(\frac{1}{16} \text{lb}\right)$ ≒ 28.35g．ただし，貴金属，薬品では，1 ounce $\left(\frac{1}{12} \text{lb}\right)$ ≒ 31.1g，1 lb ≒ 453g を使用する．

4 食品とエネルギー
～生体内の化学エネルギー～

　私たちの生活はエネルギーを消費することで成り立っている．たとえば，調理，暖房などは熱エネルギーを，照明には電気エネルギーを利用している．また，私たちの生体内，すなわち細胞の中では化学エネルギーが使われている．このようなエネルギーは物質の化学反応から得られている．すなわち，物質の化学反応には，必ずエネルギーの変化が伴うのである．

1　エネルギーとは仕事をする能力

　エネルギーとは，「仕事をする能力」，すなわち「変化を引き起こすことのできる能力」のことをいう．たとえば，水はものを溶かす能力があり，腕の筋肉は，ものをもち上げる能力があるので，どちらもエネルギーをもっている．すべての物質は何らかのエネルギーをもっている．

2　エネルギーの種類とその相互変換

　エネルギーには，力学的(運動，位置)，熱，光，電気，化学といったいろいろな形態があり，それらは相互に変換ができる．その変換の過程においてエネルギーの増減はなく，変換前後ですべてのエネルギーの総和は不変である(**エネルギー保存の法則**)．質量(物質)もまたエネルギーと互いに変換ができるので，質量もエネルギーの形態の一つである．

熱の正体は分子運動，温度はその運動の激しさを表す

　運動によって生じるエネルギーを**運動エネルギー**という．物質を構成している原子や分子は常に不規則な運動をしており，この運動は温度が高くなるほど大きくなる(熱運動)．このような原子や分子の運動によっ

（熱，光，質量もエネルギーなんだ）

ひとくちメモ
グルコースのエネルギー変換効率

$C_6H_{12}O_6 + 6O_2 \longrightarrow$
$6CO_2 + 6H_2O + 36ATP(38ATP)$

1モルのグルコースは180gだから，エネルギー換算係数4 kcal/g（糖質）を用いて，1モルのグルコースがもつエネルギー量を計算すると，180×4＝720 kcalとなるが，実際，1モルのグルコースをボンベ熱量計で完全燃焼させて測定される物理的燃焼値は670 kcalである．

また，ATPは1分子あたり7.3 kcalの自由エネルギーをもつと考えると，36ATPの場合36×7.3＝262.8 kcal，38ATPの場合38×7.3＝277.4 kcalとなる．

したがって，グルコースのATPへのエネルギー変換効率は，
36ATPの場合
　262.8/670×100＝39.2（％），
38ATPの場合
　277.4/670×100＝41.4（％）
となる．

て生じる運動エネルギーが熱の正体である．温度は，この原子や分子の運動の激しさを表す尺度である．

生体のエネルギー源

私たちが生体内で利用しているエネルギー源はATP（adenosine triphosphate，アデノシン三リン酸）という高エネルギーリン酸化合物で，ATPは私たちがふだん食べる食物から合成される．この構造を図1に示す．

ATPは高エネルギーリン酸結合とよぶリン酸（H_3PO_4）同士の結合によりできた酸素とリンの結合を二か所もっている．この結合部位には大量の化学エネルギーが蓄えられており，ATPの加水分解が起こると，ADP（adenosine diphosphate，アデノシン二リン酸）と無機リン酸（Pi），そして7.3 kcal/molの自由エネルギーが生じる（図2）．この自由エネルギーは，生体構成成分の生合成，体温維持，神経伝達，筋肉運動など生体内のあらゆる生命活動に利用されている．

> **Keyword**
> ATPは生体のエネルギー通貨

3　食物がもつエネルギー

私たちが食べる食物は，エネルギーをもっている．この食物の燃焼時に放出されるエネルギーは，ボンベ熱量計で測定することができる．ボンベ熱量計のしくみは，「高圧酸素を満たした室内で，試料を完全燃焼させ，生じる熱により周囲の水を温める．この水の上昇温度から試料の燃焼熱を求める」というものである．このようにして測定されたエネルギー量は物理的燃焼値である．

私たちが食べる食物の中で，生体内でエネルギー源になる栄養素は糖質，脂質，タンパク質である．糖質や脂質を構成する元素は，炭素C，水素H，酸素Oである．したがって，糖質や脂質が生体内で酸化分解されようが，熱量計の中で完全燃焼しようが，どちらの場合も最終生成物はCO_2とH_2Oとなり，発生するエネルギー量もほぼ等しくなる．一方，タンパク質の構成元素には，炭素C，水素H，酸素Oのほかに窒素Nがあり，熱量計の中でタンパク質が完全燃焼すると一酸化窒素NOや二酸化窒素NO_2が生じる．しかし，生体内ではタンパク質の完全燃焼は起こらず，尿素$CO(NH_2)_2$，尿酸$C_5H_4N_4O_3$，クレアチニン$C_4H_7N_3O$な

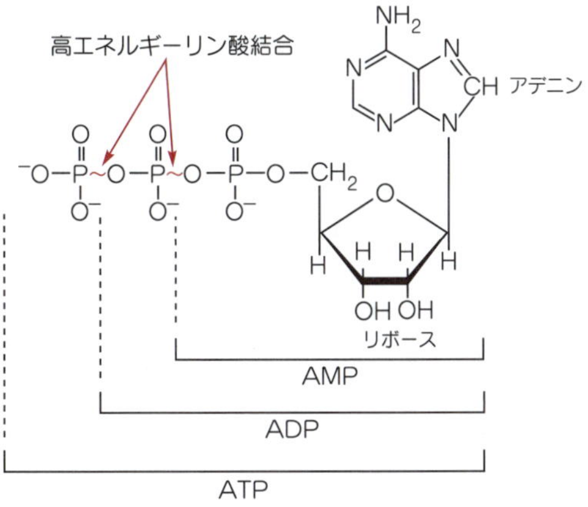

図1　ATPとADPの構造

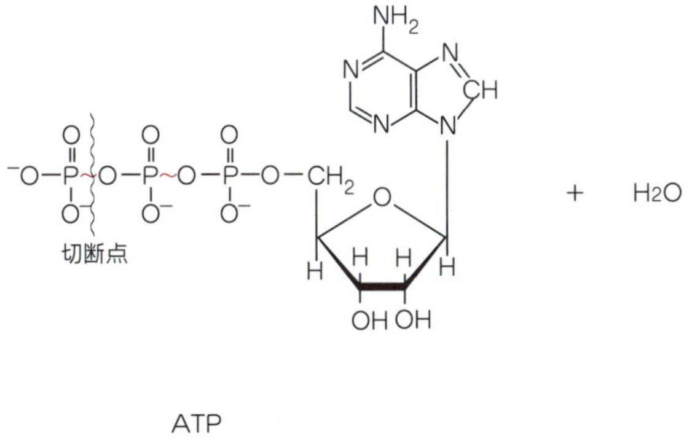

ATPは私たちの活動の元なんだ

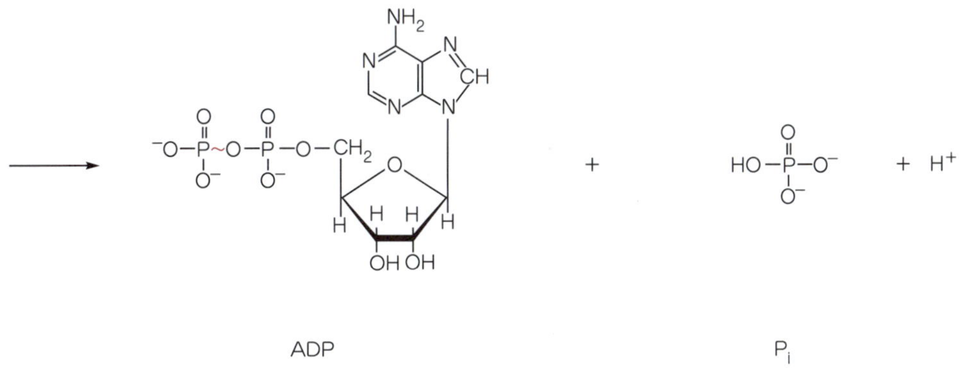

図2　ATPの加水分解

ATP + H₂O ⟶ ADP + P_i + H⁺ + 7.3 kcal/mol
　　　　　　　　　　　　無機リン酸

どの窒素化合物が合成されて，そのまま尿中に排泄される．したがって，タンパク質が生体内で酸化分解されて発生するエネルギー量は，物理的燃焼値に比べて小さくなる．

また，摂取した各栄養素の生体内での消化吸収率は100％ではないので，このことも考慮に入れて，物理的燃焼値を補正した値は生理的燃焼値，またはアトウォーター係数とよぶ．各栄養素の生理的燃焼値は，糖質4 kcal/g，脂質9 kcal/g，タンパク質4 kcal/gである．この値を用いれば，おおよその食物がもつエネルギー含量を計算することができる．

表1に，糖質，脂質，タンパク質の各栄養素の物理的燃焼値，平均消化吸収率，生理的燃焼値を示す．

column

エネルギーと温度の単位

エネルギー

エネルギーのSI基本単位は，ジュール(J)である．しかし，栄養学では食物のエネルギー含量を表すのに，カロリー(cal)または大カロリー(calの頭文字を大文字で書き表したもの：Cal)表示が一般的である．1 Cal＝1000calである．ただし，大カロリー(Cal)表示はカロリー(cal)表示と紛らわしいので，キロカロリー(kcal)表示を使用したほうがよい．本来1 calとは，「1気圧のもとで，水1gの温度を摂氏1度上昇させるために必要なエネルギー量」のことをいう．カロリーをジュールに換算するときには，1 cal≒4.18 J（1 kcal≒4.18 kJ）を使用する．

温　度

温度とは，熱の強さを示すもので，温度のSI基本単位はケルビン(K)である．ケルビン温度の0Kは絶対零度，すなわち理論的に到達可能な最低温度を示している．目盛の間隔は摂氏目盛と同じであるが，ケルビンでは，純水の凝固点を273.15K，沸点を373.15Kと定めている．

日常，使用している温度計の目盛は摂氏(℃)または華氏(℉)で表されている．摂氏温度計は純水の凝固点を0℃，沸点を100℃と定め，その差がちょうど100度になるように目盛がとってある．一方，華氏温度計は，純水の凝固点を32℉，沸点を212℉と定め，その差が180度になっている．摂氏温度と華氏温度との換算には「℃＝(℉－32)×$\frac{5}{9}$」という式が利用される．またケルビン温度と摂氏温度との換算には「K＝℃＋273.15」という式を使う．摂氏，華氏およびケルビン温度の関係を図に示すと次のようになる．

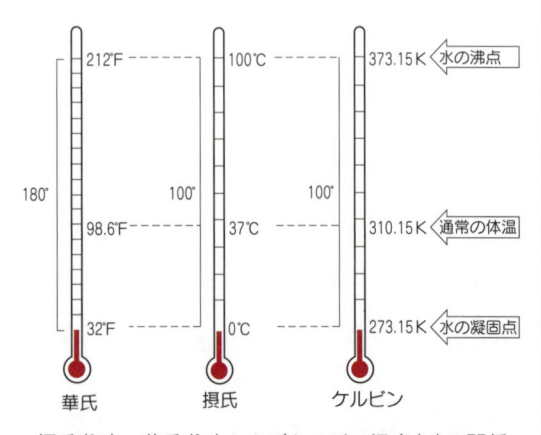

摂氏(℃)，華氏(℉)およびケルビン温度(K)の関係

表1　各栄養素の燃焼値

	物理的燃焼値 (kcal/g)	平均消化吸収率 (%)	生理的燃焼値 (kcal/g)
糖　　質	4.10	98	4.0
脂　　質	9.45	95	9.0
タンパク質	5.65	92	4.0*

*尿中へ排泄される窒素酸化物によるエネルギー損失量1.25kcal/gを差し引いた値.

column

ダイエットの基本

　ダイエットの基本は，「摂取エネルギー量を減らすこと」と「消費エネルギー量を増やすこと」の二つである．

　「楽してやせる！」を売り言葉に，数々のダイエット法があるが，悪質なダイエット法もあるので注意が必要である．たとえば，摂取エネルギー量を減らすやり方として，栄養素の消化吸収を妨げてしまうような下剤を使用したものや糖質，脂質，タンパク質のバランスを欠いた食事制限により，いちおう体重の減少は見られるが，これは体脂肪の減少ではなく，体タンパク質（筋肉）の損失によるものなど，逆に，健康を損ねかねないようなダイエットのやり方が横行している．また，やせ願望の人に見られがちな欠食や無理な減食による短期間での減量は，栄養障害や健康障害をもたらすうえ，いったん減量後，食事の量を増やせば，必ずリバウンドが生じ，以前よりも増して体脂肪が増える結果を招く．

　正しいダイエットのやり方は，第一に，摂取エネルギー量を減らす場合，タンパク質の量（成人男性70g/日，女性55g/日）は減らさずに，脂質，糖質の量を減らすことである．第二に，消費エネルギー量を増やすために運動を行うことである．運動はエアロビクス（有酸素運動）がよく，糖質や脂質からのエネルギー消費を大きくすることが大切である．また，筋肉はエネルギー消費が大きく，運動により身体の筋肉量を増やすことは消費エネルギー量の拡大につながる．

　身体の肥満度を簡単に知る方法として，Body Mass Index(BMI)があるので参考までに紹介しておこう．BMIとは，体重(kg)を身長(m)の2乗で割った数値である．

$$\mathrm{BMI(kg/m^2)} = \frac{体重(kg)}{[身長(m)]^2}$$

表　肥満度の分類

BMI	判定
＜18.5	低体重
18.5≦～＜25	普通体重
25≦～＜30	肥満（1度）
30≦～＜35	肥満（2度）
35≦～＜40	肥満（3度）
40≦～	肥満（4度）

ただし，肥満は医学的に減量を要する状態とは限らない．
（日本肥満学会，1999）

　また，BMIから標準体重を計算することができる．BMIと疾病率の相関関係を調べてみると，BMIの数値が，男性の場合22.2のとき，女性の場合21.9のときに疾病率が最も小さくなることがわかった．そこで，標準体重(kg)は，身長(m)の2乗に22を乗じて得られる数値と決められた．

$$標準体重(kg) = [身長(m)]^2 \times 22(kg/m^2)$$

4 食物エネルギーと肥満との関係

　食物に含まれる各栄養素(糖質，脂質，タンパク質など)は，栄養素ごとに消化を受け，単糖(グルコース)，脂肪酸，アミノ酸などの形で体内に吸収される．エネルギーの過不足に応じて，不足していれば，吸収されたグルコースや脂肪酸は，すぐに酸化されて，ATPの再生に利用され，過剰気味であれば，グリコーゲン(貯蔵多糖)や脂肪の形で貯蔵される．

　食物からのエネルギーの過剰摂取は，肥満の原因の一つとなる．すなわち，食物からの摂取エネルギー量が消費エネルギー量を超えた場合，余剰のエネルギーは脂肪に変換され，脂肪組織に貯蔵されてしまうからである．肥満は糖尿病，高血圧，高脂血症などの生活習慣病の誘因になるので，ダイエット(減量)はきわめて重要な意味をもつ．

章末問題

1　生体エネルギーの供給源は，どんな化学物質であるか？

2　糖質，脂質，タンパク質の各栄養素が私たちの体の中で燃えるとき，エネルギーはどれくらい発生するか？　各栄養素の生理的燃焼値で答えよ．この各栄養素の生理的燃焼値から，糖質30g，脂質40g，タンパク質30gから成る食品がもつエネルギー含量を求めよ．

3　肥満になる理由をエネルギーの面から説明せよ．

4　テレビの天気予報によると，ホノルルの現在の気温は30℃であった．ホノルルの気温は華氏何度か？

5　身長160cm，体重50kgの人がいる．この人の肥満度をBMIから判定せよ．また，身長160cmの人の標準体重は何kgか？

5 食品内で起こる変化
〜化学反応と化学反応式〜

　水が氷になったり，水蒸気になったりする変化は，水分子自体が分解されるのではなく，水分子の状態の変化である（物理変化）．これに対して，水の電気分解は，水分子 H_2O が分解して新たに水素 H_2 と酸素 O_2 が生まれる変化で，物質（水分子）自体に変化が起こっている．これを化学反応（化学変化）という．

1　物質の変化を示す化学反応式

　化学式（分子式，イオン式，組成式など．1章 p.14参照）を用いて，化学反応を書き表した式を化学反応式または単に反応式という．化学反応式は，左辺に反応する物質（反応物）を，右辺に生成する物質（生成物）を書き，両辺を矢印　⟶　で結んだ式であり，両辺の各原子数は互いに等しくなっている（質量保存の法則，p.26参照）．
　たとえば，水素 H_2 と酸素 O_2 から水 H_2O または過酸化水素 H_2O_2 が生成する化学反応を化学反応式で書き表すと，以下のようになる．

　　　水の生成： $2\,H_2 + O_2 \longrightarrow 2\,H_2O$

　　　過酸化水素の生成： $H_2 + O_2 \longrightarrow H_2O_2$

2　化学反応の速さは環境によって変化する？

　化学反応の速度は，反応物の濃度，反応物の表面積，反応温度，触媒によって影響を受ける．

反応物の濃度

　化学反応が起こるには，反応物の粒子（原子，分子，イオン）間で衝突が起こらなければならない．一定の体積中に反応物の粒子数が多いほど，

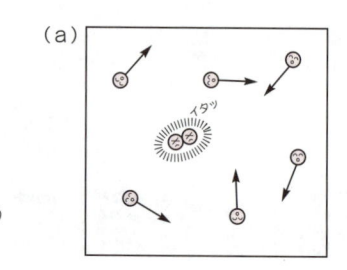

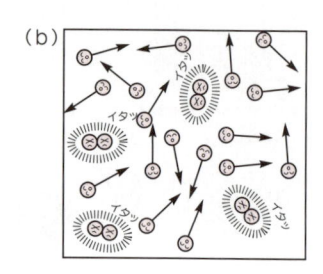

図1　反応物濃度と反応速度の関係
一定体積中に含まれる粒子の数が多いBのほうがAより衝突頻度が高く、反応速度は大きい．

粒子同士の衝突が起こりやすくなる（図1）．したがって，反応物の濃度が大きくなれば，反応速度も増す．たとえば，鉄線は空気中では燃えないが，酸素中では（酸素濃度が大きくなれば）激しく燃える．

$$4\,Fe + 3\,O_2 \longrightarrow 2\,Fe_2O_3$$

反応物の表面積

　反応物（固体）の単位重量あたりの表面積が増加すると，反応速度が増す．表面積が大きくなると，反応物間の衝突回数も増えるからである．たとえば，木材は丸太のままでは自然に燃え上がることはないが，おがくずは，ときとして自然発火するので，常に湿らせておく必要がある．

反応温度

　温度が上がると，反応物の粒子（原子，分子，イオン）の運動エネルギーが増加し，一定の体積中における粒子同士の衝突頻度が増す（図2）．したがって，一般に，温度が上がると，反応速度は増す．温度が10℃上がるごとに反応速度は2～3倍大きくなる．私たちの体の体温が上がると，呼吸が速くなったり，汗が出たりするが，これらの変化は生体内で起こる化学反応の速度が増した結果である．私たちの基礎代謝速度は，体温が1℃上昇すると，5％大きくなるといわれる．

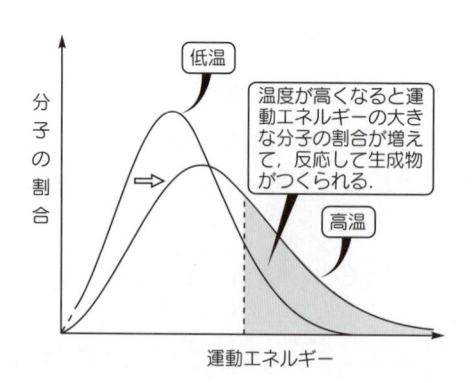

図2　分子の運動エネルギーと温度の関係

触媒

触媒とは，化学反応の速度を変化させるが，それ自身は反応の前後において変化しない物質である．化学反応の速度を増す正触媒は，反応に必要な活性化エネルギーを下げる作用がある(p. 91, 酵素を参照)．

3 酸と塩基

酸と塩基

酸および**塩基**の定義は二とおりあり，表1に示す．

表1 酸・塩基の定義

	アレニウスの定義	ブレンステッド-ローリーの定義
酸	水に溶けたとき水素イオン H^+ を生じる水素化合物． (例) $HCl \longrightarrow H^+ + Cl^-$ 　　　塩化水素	他の物質に H^+ を与える物質． (例) $HCl + H_2O \longrightarrow H_3O^+ + Cl^-$ 　　　酸　　塩基
塩基	水に溶けたとき水酸化物イオン OH^- を生じる水酸化物． (例) $NaOH \longrightarrow Na^+ + OH^-$ 　　　水酸化ナトリウム	H^+ を受け取る物質． (例) $NH_3 + H_2O \longrightarrow NH_4^+ + OH^-$ 　　　塩基　　酸

> **ひとくちメモ　ハーバー・ボッシュ法**
>
> 化学工業では，製品生産時のエネルギーコスト削減のために，触媒の活用は欠かせない．たとえば，アンモニア NH_3 は鉄 Fe を触媒として，窒素ガス N_2 と水素ガス H_2 (500℃, 200〜1000気圧)から合成される．これをハーバー・ボッシュ法という．
>
> $$N_2 + 3H_2 \xrightarrow{Fe} 2NH_3$$
>
> 私たちの体の中では，数多くの化学反応が低温(36〜37℃)下で進行するが，その陰には酵素とよばれる生体触媒がある．酵素については，7章で詳しく説明する．

酸，塩基の特徴

酸，塩基の特徴を表2に示す．

表2 酸・塩基の特徴

	酸	塩基
味	すっぱい味がする．	苦い味がする．
リトマス紙	青色リトマス紙が赤くなる．	赤色リトマス紙が青くなる．
皮膚についた場合	高濃度溶液(pH 3 以下)には強い脱水作用があり，皮膚にかかるとやけどを起こす．	高濃度溶液(pH 9 以上)は皮膚の細胞膜上の脂肪を分解するので，酸よりもひどいやけどを起こす．
中和	塩基を中和する．	酸を中和する．
その他	亜鉛やマグネシウムなどの金属と反応して気体の水素が発生する．	手にふれるとヌルヌルする．

酸, 塩基の強さ

酸, 塩基ともに水溶液中で完全に解離(イオン化)するものが強酸, 強塩基である. 一方, 完全には解離しない酸, 塩基が弱酸, 弱塩基である.

強酸には塩酸 HCl, 硫酸 H_2SO_4, 硝酸 HNO_3, 強塩基には水酸化ナトリウム NaOH, 水酸化カリウム KOH などがある. 弱酸には酢酸 CH_3COOH, 炭酸 H_2CO_3, ホウ酸 H_3BO_3, 弱塩基にはアンモニア NH_3, 水酸化亜鉛 $Zn(OH)_2$ などがある.

> **Keyword**
> 酸：水に溶けてオキソニウムイオン H_3O^+ を生じる
> 塩基：水に溶けるものは水酸化物イオン OH^- を生じる
> 電離度の大小で, 酸・塩基の強弱が決まる

> **Keyword**
> プロトン(H^+)を与えるものが酸, 受け取るものが塩基
>
> 酸 ＋ 塩基 ⟶ 共役酸 ＋ 共役塩基
>
> 非共有電子対を受け取るものが酸, 与えるものが塩基

酸と塩基の結合で起こる中和反応

中和反応とは酸から塩基へ H^+ イオン(プロトン)の移動が起こり, 反応溶液が中性となり, 生成物としては塩と水が生じる反応のことである. すなわち, 酸の陰イオン(非金属または多原子)と塩基の陽イオン(金属)とが結合したイオン性物質のことを塩とよんでいる. たとえば, 塩酸と水酸化ナトリウムの中和反応は, 次のとおりである.

$$HCl + NaOH \longrightarrow H_2O + NaCl$$
酸　　塩基　　　　　　塩

生活にみる中和反応

このような中和反応が, 私たちの生活の中で活用されている例を見てみよう. 家庭でパンやケーキを焼く場合, ベーキングパウダー(ふくらし粉)を用いるだろう. この主成分は炭酸水素ナトリウム(重曹, $NaHCO_3$)・酸性物質〔酒石酸水素カリウム($KHC_4H_4O_6$)・リン酸水素カ

ひとくちメモ
オキソニウムイオン
水溶液中では, 水素イオン H^+ は水 H_2O と反応して, オキソニウムイオン H_3O^+ の形で存在する. H_3O^+ は, 便宜上, 簡単に H^+ として表す(p. 53参照).

ひとくちメモ
胃腸薬が効くのは？
炭酸水素ナトリウムは胃痛, 胸やけのときに飲む胃腸薬としても利用されている. すなわち, 胃痛, 胸やけは胃酸(塩酸)過多で起こるので, 炭酸水素ナトリウムで過剰の酸を中和してしまえば治まる. 中和の際, 大量の二酸化炭素が発生するので, 服用後げっぷが出る.
$NaHCO_3 + HCl$
$\longrightarrow NaCl + H_2O + CO_2$

ルシウム（CaHPO$_4$）〕である．水分が加わると炭酸水素ナトリウムは酸性物質と反応して二酸化炭素を発生する（①＋②）．この二酸化炭素によりパンやケーキが膨らむのである．また，生地が焼かれるときに生じる水蒸気も，もちろんパンやケーキが膨らむ原因の一つとなる．

$$NaHCO_3 \longrightarrow Na^+ + HCO_3^- \quad \cdots\cdots ①$$

$$H^+ + HCO_3^- \longrightarrow H_2O + CO_2 \quad \cdots\cdots ②$$

$$NaHCO_3 + H^+ \longrightarrow Na^+ + H_2O + CO_2 \quad \cdots\cdots (①+②)$$

酸性物質として，酒石酸水素カリウム（KHC$_4$H$_4$O$_6$）が使用された場合は，以下の反応が進むことになる．

$$\underset{\text{塩基}}{NaHCO_3} + \underset{\text{酸}}{KHC_4H_4O_6} \longrightarrow \underset{\text{塩（酒石酸ナトリウムカリウム）}}{KNa\,C_4H_4O_6} + H_2O + CO_2 \quad \cdots\cdots ③$$

ベーキングパウダーは大気中の水分に触れると，やはり同様な中和反応がゆっくりと進行する．そこで，ベーキングパウダーには，防湿剤としてデンプン（コーンスターチ）が添加されている．

また炭酸水素ナトリウムが単独で使用された場合も，熱せられると二酸化炭素を発生する．

$$2\,NaHCO_3 \longrightarrow Na_2CO_3 + H_2O + CO_2 \quad \cdots\cdots ④$$

ドライイースト（乾燥酵母）を使用した場合は，ベーキングパウダーの場合とは異なる．すなわち，イーストは糖を分解してエタノールと二酸化炭素をつくる（アルコール発酵）．この結果，パンやケーキが膨らむのである．

$$C_6H_{12}O_6 \longrightarrow 2\,C_2H_5OH + 2\,CO_2 \quad \cdots\cdots ⑤$$

Keyword

中和反応：酸 ＋ 塩基 ⟶ 塩 ＋ 水

ひとくちメモ
危険な中和反応

次亜塩素酸ナトリウム NaClO や塩酸 HCl はともに強力な洗浄剤としてトイレや浴室などでよく用いられる．しかし，この二つを決して混ぜて使用してはならない．この二つを混ぜると中和反応が起こり，塩素ガス Cl$_2$ が発生するので，これを吸い込めば，中毒死する危険性がある．

$$NaClO + 2\,HCl \longrightarrow NaCl + H_2O + Cl_2$$

4　溶液中の水素イオンが pH を決める

純粋な水は，水分子が，ごくわずか水素イオン H$^+$ と水酸化物イオン OH$^-$ に解離している．水素イオンは単独では存在せず，常に水分子と結合してオキソ（ヒドロ）ニウムイオン H$_3$O$^+$ の形で存在する．

$$H_2O + H_2O \rightleftharpoons H_3O^+ + OH^-$$

しかし，反応式で書き表す場合，簡単に次式のように書く場合が多い．

$$H_2O \rightleftharpoons H^+ + OH^-$$

純粋な水の水素イオン濃度[H⁺]は0.0000001mol/*l*，すなわち 1×10^{-7} mol/*l* である．生成する水酸化物イオンの数は水素イオンの数と同数であるから，水酸化物イオンの濃度も 1×10^{-7} mol/*l* となる．

$$[H^+] \times [OH^-] = (1 \times 10^{-7}) \times (1 \times 10^{-7}) = 1 \times 10^{-14} = K_w$$

K_w は水のイオン積とよばれ，室温では常に 1×10^{-14} (mol/*l*)² である．したがって，水素イオンの濃度，または水酸化物イオンの濃度のどちらか一方がわかれば，もう一方のイオン濃度も知ることができる．

pHとは，溶液の酸性あるいは塩基性（アルカリ性）の度合いを簡単に表すものである．これは溶液中の水素イオン濃度から求められる．

$$[H^+] = 1 \times 10^{-pH}$$

すなわち，$pH = -\log[H^+]$　または　$pH = \log\dfrac{1}{[H^+]}$

純粋な水の[H⁺]は 1×10^{-7} mol/*l* である．したがって，純水のpHは7となる．純水の水素イオン濃度と水酸化物イオン濃度は等しいので，純水は中性である．物質が水に溶けると，水素イオンの数に変化が起こることがある．水素イオンの数が増えれば（水素イオン濃度が大きくなれば），pHは7より小さくなる．pHが7より小さい溶液を酸性溶液とよぶ．逆に，水素イオンの数が減れば，pHは7より大きくなる．pHが7より大きい溶液を塩基性溶液とよぶ．

溶液が酸性か塩基性かを簡単に調べるために指示薬が使われる．指示

NH₃ + H₂O ⟶ NH₄⁺ + OH⁻

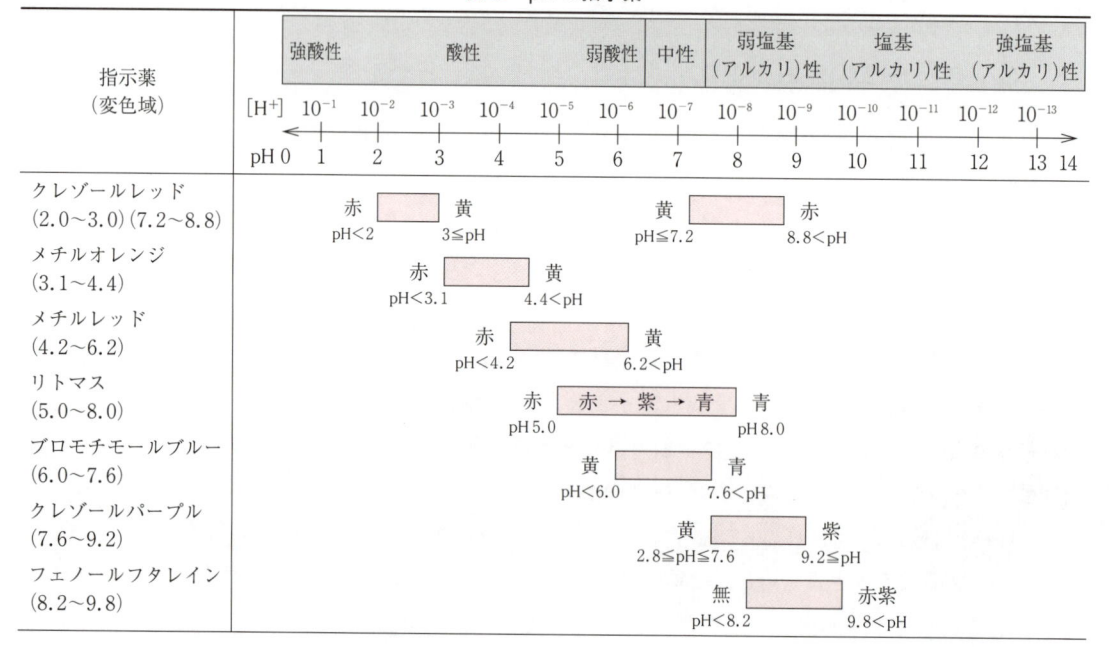

だからアンモニアはアルカリ性ネ！

表3　pHの指示薬

指示薬 （変色域）	強酸性		酸性			弱酸性	中性	弱塩基 （アルカリ）性		塩基 （アルカリ）性		強塩基 （アルカリ）性		
[H⁺]	10^{-1}	10^{-2}	10^{-3}	10^{-4}	10^{-5}	10^{-6}	10^{-7}	10^{-8}	10^{-9}	10^{-10}	10^{-11}	10^{-12}	10^{-13}	
pH 0	1	2	3	4	5	6	7	8	9	10	11	12	13	14
クレゾールレッド (2.0〜3.0)(7.2〜8.8)		赤 pH<2		黄 3≦pH				黄 pH≦7.2		赤 8.8<pH				
メチルオレンジ (3.1〜4.4)			赤 pH<3.1	黄 4.4<pH										
メチルレッド (4.2〜6.2)				赤 pH<4.2		黄 6.2<pH								
リトマス (5.0〜8.0)					赤 pH5.0	赤→紫→青		青 pH8.0						
ブロモチモールブルー (6.0〜7.6)						黄 pH<6.0		青 7.6<pH						
クレゾールパープル (7.6〜9.2)								黄 2.8≦pH≦7.6		紫 9.2≦pH				
フェノールフタレイン (8.2〜9.8)									無 pH<8.2		赤紫 9.8<pH			

食品	pH	酸性・塩基性の強さ	化学物質その他
	1	強 ↑	バッテリー液 青インキ
レモンジュース 食酢	2	酸性	
炭酸飲料 オレンジ, ワイン	3	酸性	
しょうゆ トマトジュース ビール	4	酸性	酸性雨
コーヒー, ほうれん草 バナナ	5	酸性	雨水
牛乳, マグロ 鮭, カキ(牡蠣)	6	弱	
純水	7	中性	
卵白	8	弱	海水
	9		ベーキングソーダ
	10	塩基(アルカリ)性	セッケン水 酸化マグネシウム(胃薬)
	11		1％アンモニア水
	12	↓	石灰水
	13	強	家庭用の漂白剤

図3 代表的な酸性物質と塩基性物質

ひとくちメモ pHと食品

pHの変化は食品の味や保存, さらには生体内の代謝活動に大きな影響を及ぼす. たとえば, 果物はよく冷やすと甘くなる. これは, 温度が下がると果実に酸味を与える有機酸の解離(イオン化)が抑えられ, 果汁中の水素イオン濃度が小さくなるためである. 酢漬け(酸性)にして食品を保存すると, 食品中の微生物は生育や増殖ができず, 食品の腐敗を防ぐことができる. また, 生体内で働く消化酵素は, 酵素ごとに最も働きやすいpH(最適pH)があり, タンパク質分解酵素のペプシン(胃)ではpH2, トリプシン(小腸)ではpH8である. 血液のpHは, 7.4である. 生体内の体液のpHは, 常に定められた範囲内に維持されており, この範囲を越えると生命の維持が難しくなる(表4). そこで, 生体内には, 酸または塩基による急激なpH変化を防ぐために, それに抵抗する物質が備わっている. このような物質を緩衝剤という.

表4 体液のpH値

体液	pH
胃液	1.0～3.0
唾液	6.5～7.5
腸分泌液	7.7
胆汁	7.8～8.8
膵液	8
膣分泌液	3.8
尿	5.0～8.0 (通常6.0前後)
母乳	6.8～7.4
血液	7.4 (7.35～7.45)
涙	8.2

薬とは「pHにより色が変わる色素」のことである. 一般的なpHの指示薬を表3に示す. また, 代表的な酸性物質と塩基性物質を図3に示す.

Keyword

$$pH(水素イオン指数) = -\log_{10}[H^+]$$

酸性 pH＜7　　中性 pH＝7　　塩基(アルカリ)性 pH＞7

5 酸化と還元は表裏一体反応

酸化と還元の主役は電子

一般に, 化学反応は電子が物質の間を移動することで起こる場合が多い. 電子を失う(酸素と化合する, 水素を失う)物質を「酸化された」といい, 還元剤とよぶ. 一方, 電子を獲得する(酸素を失う, 水素と化合する)物質を「還元された」といい, 酸化剤とよぶ. 酸化剤と還元剤と

ひとくちメモ
水道水の殺菌

酸素以外に塩素 Cl_2 も酸化剤として働く．塩素は水道水の殺菌のために利用されるが，塩素の一部は水と反応して次亜塩素酸 $HClO$ になる．これが，水道水のカルキ臭の原因となる．

$$Cl_2 + H_2O \longrightarrow HCl + \underset{\text{次亜塩素酸}}{HClO}$$

水道水から次亜塩素酸を取り除くには，還元剤(酸)，たとえば，レモン汁〔アスコルビン酸(ビタミンC)〕を添加すればよい．そうすれば次亜塩素酸は還元されて，水と塩化水素に分解されてしまい，水道水から臭みも消える．

の反応を**酸化還元反応**，または**レドックス反応**という．酸化還元反応は，酸化が起これば同時に還元も必ず起こるので，表裏一体反応である．

身の回りの酸化剤・還元剤

(1) 燃焼

　私たちは生活の中で，調理のためにガスを，自動車を動かすためにガソリンを，暖房のために灯油を燃やしている．物質が燃えるためには酸素が必要であり，燃焼反応は，酸素を酸化剤とし，燃料を還元剤とした酸化還元反応である．私たちの体もエネルギーをつくりだすために酸化剤として酸素を利用している(呼吸)．

$$\underset{\text{グルコース}}{C_6H_{12}O_6} + 6\,O_2 \longrightarrow 6\,CO_2 + 6\,H_2O + \text{エネルギー}$$

---

column

七色変化！　ヘアカラーとヘアマニュキュア

　ひと昔前は，髪を染めるのは白髪隠しか，目立ちたがり屋と相場が決まっていた．しかし，いまでは老若男女，髪を(茶色に)染めるのはあたり前である．

　それでは，「髪の毛はどうして染まるの？」と，ふっと疑問に思ったことはないだろうか．髪の毛を染める方法は通常，二とおりある．一つはヘアカラー(永久染毛剤)で染める方法で，一度染めると2～3か月もつタイプである．もう一つはヘアマニュキュア(半永久染毛剤)で染める方法で，2～3週間しかもたないタイプである．

　ヘアカラーで髪の毛が染まるのは次のような理由である．ヘアカラーで髪の毛を染める場合，1剤(数種類の酸化染料とアルカリ性成分)と2剤(酸性下の過酸化水素)を混ぜた混合液を髪に塗る．はじめに，1剤に含まれていたアルカリ性成分(アンモニア)が髪の毛のキューティクルを溶かしだし，混合液が髪の毛の内部にまで浸透するのを助ける(これが髪の毛が傷む原因)．次に，髪の毛の内部で，2剤に含まれていた過酸化水素が分解し，発生した酸素によってメラニン色素が脱色を受けると同時に，いままでアルカリ性のもとでは別べつに存在していた酸化染料同士が結合して色が生じるのである．髪の毛の内部で生まれた酸化染料同士の化合物の分子は大きく，洗髪しても髪の毛の内部から出てゆくことがなく，色もちがよいのである．

　一方，ヘアマニュキュアは酸性染毛剤を使用し，メラニン色素を脱色せずに，髪の毛の表層下部分を染めるだけなので，洗髪するたびに少しずつ色が落ちる．髪の毛を傷めることはないが，頭皮や手が汚れやすいという欠点もある．

　髪の毛の染まる理由が，わかったかな？　上手にヘアカラーとヘアマニュキュアを使い分けて，髪の毛のおしゃれを楽しんでみよう！

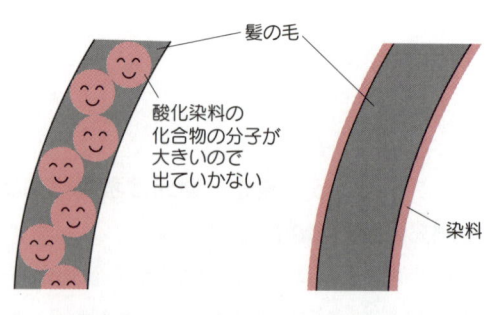

(2) 食品の酸敗防止

還元剤は**抗酸化剤**，または**酸化防止剤**とよばれることがある．食品の酸敗臭は，食品中の油脂(脂肪酸)が酸化を受けて，過酸化物が生成するために起こる．この食品中の酸化を防ぐためにビタミンE，ジブチルヒドロキシトルエン(dibutylhydroxytoluene: BHT)などの抗酸化剤(食品中で真っ先に酸化される物質)が利用されている(図4)．しかしBHTは，発がん性，アレルギーの誘発，**内分泌撹乱化学物質**(環境ホルモン，7章 p. 97参照)との関係が疑われている．

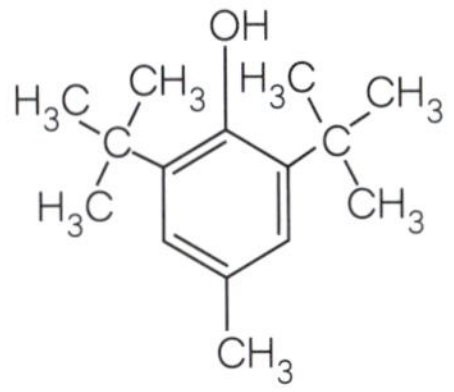

図4　BHTの構造

(3) 漂白剤

酸化剤や還元剤は，家庭や工場などで繊維の漂白剤として利用されている(表5)．染料は固有の色をつける原子団をもっている．たとえば，アゾ染料はベンゼン核同士をつなぐ二重結合(－N＝N－：アゾ基)があり，この結合が酸化剤，または還元剤により切られると，無色の物質へと変わる．他の染料も同様に酸化剤，または還元剤の作用により染料固有の色をつける原子団が破壊されて，無色の物質となる．一般に還元剤で漂白すると繊維を傷める心配はないが，時間がたつにつれて染料が酸化されて色がもどる．一方，酸化剤の中でも塩素系の漂白剤は，酸化作用が強く，繊維を傷めてしまい，とくにナイロンや絹などの繊維は黄ばんでしまう．過酸化系の漂白剤は，そのような心配はいらない．

表5　漂白剤の種類

酸化漂白剤	塩素系漂白剤 　塩素　Cl_2（液体）　　　　　　　サラシ粉　$Ca(ClO)_2 \cdot CaCl_2 \cdot 2H_2O$ 　次亜塩素酸ナトリウム　$NaClO$　　亜塩素酸ナトリウム　$NaClO_2$ 過酸化系漂白剤 　過酸化水素　H_2O_2　（3％水溶液はオキシドールの名で消毒液として使用されている） 　過(ペルオキソ)ホウ酸ナトリウム　$NaBO_3$ 　過(ペルオキソ)炭酸ナトリウム　$Na_2C_2O_6$（$2Na_2CO_3 \cdot 3H_2O_2$）
還元漂白剤	亜硫酸水素ナトリウム　$NaHSO_3$　　　シュウ酸　$(COOH)_2$ ハイドロサルファイトナトリウム　$Na_2S_2O_4$ ロンガリット　$Na_2S_2O_4 \cdot HCHO \cdot 2H_2O$

酸化・還元の見分け方

酸化・還元は「酸化数」の考え方を利用すれば，簡単に見分けられる．すなわち，酸化数が増加した物質は酸化されたことになり，減少した物質は還元されたことになる．

酸化数は，次の規則に従って決めればよい．酸化数は＋，－の符号の後にローマ数字，または算用数字で書く．

（ⅰ）単体の場合，それを構成する原子の酸化数は0とする．例：C，H_2，O_2などのC，H，Oの酸化数は0．

（ⅱ）単原子イオンおよび多原子イオンの場合，そのイオンの価数をそのまま酸化数とする．例：Na^+（ナトリウムイオン）：＋Ⅰ，Cl^-（塩化物イオン）：－Ⅰ．例：CO_3^{2-}（炭酸イオン）：－Ⅱ，MnO_4^-（過マンガン酸イオン）：－Ⅰ．

（ⅲ）化合物中の水素原子Hは，＋Ⅰとする．例外：水素化ナトリウムNaH，水素化リチウムLiHなどの金属水素化物のときは，－Ⅰ．

（ⅳ）化合物中の酸素原子Oは，－Ⅱとする．例外：過酸化水素H_2O_2，過酸化バリウムBaO_2などの過酸化物のときは，－Ⅰ．

（ⅴ）化合物中のすべての原子の酸化数の総和は，0とする．

代表的な酸化剤，還元剤を表6に示す．

表6 代表的な酸化剤と還元剤

	物　質	働き方
酸化剤	塩素　Cl_2（または塩素水）	$Cl_2 + 2e^- \longrightarrow 2Cl^-$
	オゾン　O_3	$O_3 + 2H^+ + 2e^- \longrightarrow O_2 + H_2O$
	過酸化水素　H_2O_2	$H_2O_2 + 2H^+ + 2e^- \longrightarrow 2H_2O$
	過マンガン酸カリウム　$KMnO_4$	$MnO_4^- + 8H^+ + 5e^- \longrightarrow Mn^{2+} + 4H_2O$
	重クロム酸カリウム（二クロム酸カリウム）$K_2Cr_2O_7$	$Cr_2O_7^{2-} + 14H^+ + 6e^- \longrightarrow 2Cr^{3+} + 7H_2O$
	二酸化硫黄　SO_2	$SO_2 + 4H^+ + 4e^- \longrightarrow S + 2H_2O$
	二酸化マンガン　MnO_2	$MnO_2 + 4H^+ + 2e^- \longrightarrow Mn^{2+} + 2H_2O$
	熱濃硫酸　H_2SO_4	$H_2SO_4 + 2H^+ + 2e^- \longrightarrow SO_2 + 2H_2O$
	濃硝酸／希硝酸　HNO_3	$HNO_3 + H^+ + e^- \longrightarrow NO_2 + H_2O$ $HNO_3 + 3H^+ + 3e^- \longrightarrow NO + 2H_2O$
還元剤	イオン化傾向の大きな金属元素	$Na \longrightarrow Na^+ + e^-$
	塩化スズ（Ⅱ）　$SnCl_2 \cdot 2H_2O$	$Sn^{2+} \longrightarrow Sn^{4+} + 2e^-$
	過酸化水素　H_2O_2	$H_2O_2 \longrightarrow 2H^+ + O_2 + 2e^-$
	シュウ酸　$H_2C_2O_4$	$H_2C_2O_4 \longrightarrow 2CO_2 + 2H^+ + 2e^-$
	水素　H_2	$H_2 \longrightarrow 2H^+ + 2e^-$
	二酸化硫黄　SO_2	$SO_2 + 2H_2O \longrightarrow SO_4^{2-} + 4H^+ + 2e^-$
	硫化水素　H_2S	$H_2S \longrightarrow 2H^+ + S + 2e^-$
	硫酸鉄（Ⅱ）　$FeSO_4 \cdot 7H_2O$	$Fe^{2+} \longrightarrow Fe^{3+} + e^-$

> **Keyword**
> 酸化数と酸化・還元：酸化数の増加は酸化，減少は還元

> **Keyword**
> 酸化剤：酸素を出すか，水素や電子を奪うもの
> 還元剤：酸素を奪うか，水素や電子を出すもの

column

酸性雨の原因物質：二酸化硫黄は還元剤，それとも酸化剤？

　酸性雨の原因の一つに二酸化硫黄 SO_2 がある．二酸化硫黄の発生源は石炭，石油を燃料とする火力発電所や工場などであり，発生した二酸化硫黄は大気中の酸素と反応して，三酸化硫黄 SO_3 になる（式⑥）．さらに三酸化硫黄は雲の中で水に溶けて，硫酸 H_2SO_4 に変わり（式⑦），雨となり大地へ降り注ぐ．この雨が，酸性雨である．通常の雨には，大気中の二酸化炭素が溶けこんでいるので，pH5.6程度であるが，酸性雨のpHはこれ以下になっている．酸性雨は森林を枯らし，建物などのコンクリートや鉄骨の腐食を早めるほか，人体の呼吸器系にも悪影響を及ぼす．

　酸性雨の発生過程を反応式で表すと，次のようになる．

$$2\,SO_2 + O_2 \longrightarrow 2\,SO_3 \quad \cdots\cdots ⑥$$
$$2\,SO_3 + 2\,H_2O \longrightarrow 2\,H_2SO_4 \quad \cdots\cdots ⑦$$

以上をまとめて，

$$\underbrace{2\,\underline{S}O_2}_{酸化数(+Ⅳ)(-Ⅱ)} + \underbrace{O_2}_{(0)} + \underbrace{2\,H_2O}_{(+Ⅰ)(-Ⅱ)} \longrightarrow \underbrace{2\,H_2\underline{S}\,O_4}_{(+Ⅰ)(+Ⅵ)(-Ⅱ)} \quad (⑥+⑦)$$

酸化された：酸化数の増加（$+Ⅳ \longrightarrow +Ⅵ$）
還元された：酸化数の減少（$0 \longrightarrow -Ⅱ$）

となる．化合物中の各原子の酸化数を調べてみると，SO_2 のSの酸化数は$+Ⅳ$．H_2SO_4 のSの酸化数は$+Ⅵ$．一方，O_2 のOの酸化数は0．H_2SO_4 のOの酸化数は$-Ⅱ$．したがって，Sは酸化され，Oは還元されたことになる．すなわち，SO_2 は酸化され，還元剤として作用し，O_2 は還元され，酸化剤として作用したのである．

こわい！

酸性に傾くと疲れやすく病気になりやすい
土が毒性をもち，樹木が死滅する
大理石や金属を溶かす

さびる金属・さびない金属──目安はイオン化傾向！

さびは，金属が空気中の酸素や水分などと反応してできた酸化物である．この化学反応は，金属が電子を失う酸化反応で，酸化剤は酸素である．さびは，温度が高いほど，水（とくに酸性雨や海水）があるほど，生じやすい．鉄の酸化過程を反応式で表すと次のようになる．

$$Fe \longrightarrow Fe^{2+} + 2e^- \qquad \cdots\cdots ⑧$$

$$\frac{1}{2}O_2 + H_2O + 2e^- \longrightarrow 2OH^- \qquad \cdots\cdots ⑨$$

$$Fe^{2+} + 2OH^- \longrightarrow Fe(OH)_2 \qquad \cdots\cdots ⑩$$

$$2Fe(OH)_2 + \frac{1}{2}O_2 \longrightarrow Fe_2O_3 + 2H_2O \qquad \cdots\cdots ⑪$$

以上の反応をまとめる（式⑧×4 ＋式⑨×4 ＋式⑩×4 ＋式⑪×2）と，

$$4Fe + 3O_2 + 4H_2O \longrightarrow 2Fe_2O_3 + 4H_2O$$
（赤さび）

となる．

（1）イオン化傾向

一般に，さびやすい金属は水に接すると，自ら電子を放出して，陽イオンになりやすい性質をもつ．このような金属の陽イオンになる傾向（金属の酸化される傾向）を**金属のイオン化傾向**という．イオン化傾向の大きな金属から順番に並べたものを金属のイオン化列（図5）という．水素Hは金属ではないが，陽イオンになるので，比較のために入れてある．

K Ca Na Mg Al Zn Cr Fe(Ⅱ) Cd Co Ni Sn Pb Fe(Ⅲ) (H) Cu Hg Ag Pt Au

（大）◀──── 金属のイオン化傾向 ────▶（小）

図5　金属のイオン化例

金属のイオン化列の中で水素Hよりもイオン化傾向の大きな金属は，酸と反応して水素を発生する．一方，水素Hよりもイオン化傾向の小さな金属イオンは，水素から電子を獲得し（水素により還元され），析出する．

金属のイオン化列を参考にすれば，金属同士のさびやすさの比較ができる．たとえば，トタンは鉄Feの表面に亜鉛Znがメッキされたものであるが，どちらの金属が先にさびるであろうか？　金属のイオン化列から，イオン化傾向の大きな亜鉛のほうが先にさびやすいことがわかる．

イオン化傾向の小さな白金Ptや金Auは，空気中で，さびる（酸化される）ことはなく，いつまでも光沢を失わないため，装飾品に幅広い用

ひとくちメモ
さびの防止法

さびの原因は酸素と水である．すなわち，酸素や水と金属が接触しなければ，金属はさびないことになる．したがって，さびを防ぐ基本は，空気と水の遮断にある．

① 金属の表面を塗装する．
　例：自動車の車体，橋．

② 金属の表面をメッキする．
　例：ブリキ（鉄の表面にスズ），トタン（鉄の表面に亜鉛）．

③ 金属の表面に不動態膜（酸化被膜）をつくる．
　例：アルミニウム製品の表面を人工的に酸化させたアルマイト，鉄製のフライパンの表面を人工的に酸化させたくろがね（黒さび Fe_3O_4）．

④ 合金をつくる．
　例：ステンレス（クロム17％と鉄83％），18-8ステンレス（クロム18％とニッケル8％と鉄74％）．

途がある．このような金属を**貴金属**とよぶ．

> **Keyword**
> イオン化傾向の大きい金属ほど反応しやすい

6 化学反応と熱の関係

　ある物質が化学反応を起こして新しい物質が生まれるとき，外からエネルギーを吸収するか，外へエネルギーを放出するかのどちらかが起こる．

　化学反応とは原子間の化学結合の変化であり，これは弱い結合が切れ，より強い新しい結合がつくられることを意味する．一般に結合の切断にはエネルギーの供給が必要となり，新しい結合がつくられるときにはエネルギーの放出が起こる．このときのエネルギーの出入りは，熱の形で行われる．化学反応では，熱が発生する反応を**発熱反応**といい，熱を吸収する反応を**吸熱反応**という．たとえば，市販の使い捨てかいろは，鉄の酸化反応で生じる発熱を利用している．ふつう，鉄は空気中で酸化される（さびる）ときには発熱しないが，かいろの場合，触媒として食塩や活性炭を加えることにより，鉄の酸化速度を大きくして，発熱が起こるように工夫してある．植物の行う光合成は，太陽からの光エネルギーの供給が必要な吸熱反応である．

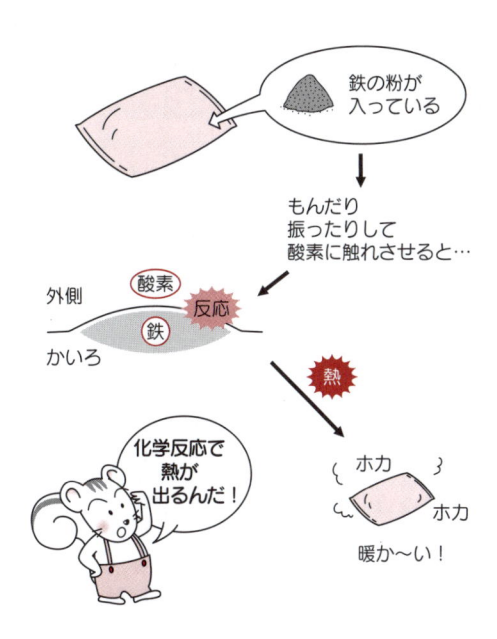

使い捨てかいろが暖かくなるのは，なぜ？

反応熱

物質に内在するエネルギーのことを**エンタルピー**(Hの記号で表す)という．化学反応の結果，生じたエンタルピーの変化を**反応熱**(1気圧，25℃)といい，ΔHで表す．ΔHは，生成物の総エンタルピー量から反応物の総エンタルピー量を差し引いた値である．

$$\Delta H = H(\text{生成物の総エンタルピー量}) - H(\text{反応物の総エンタルピー量})$$

反応熱(ΔH)が，負の値をとる場合は発熱反応を，正の値をとる場合は吸熱反応を示している(図6)．

> **ひとくちメモ**
> **デルタ（Δ）**
> ギリシャ文字(大文字)の「Δ」は「デルタ」と読む．

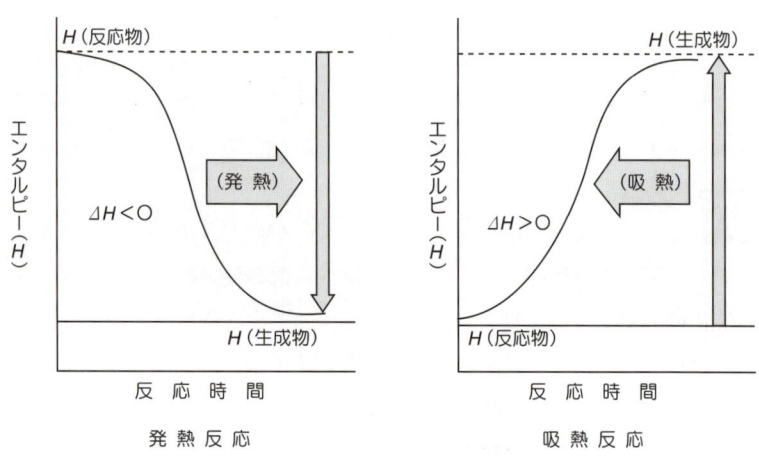

図6 反応熱(発熱反応と吸熱反応)

反応熱の種類

反応熱の種類には，燃焼熱，生成熱，中和熱，溶解熱などがある．

燃焼熱：物質1 molが完全燃焼するときに発生する発熱量．

$$\text{NO(g)} + \frac{1}{2}\text{O}_2\text{(g)} \longrightarrow \text{NO}_2\text{(g)} + 13.5\,\text{kcal}$$

生成熱：物質1 molがその成分元素の単体から生成されるときの発熱量または吸熱量．

$$\text{H}_2\text{(g)} + \frac{1}{2}\text{O}_2\text{(g)} \longrightarrow \text{H}_2\text{O(l)} + 68.3\,\text{kcal}$$

中和熱：酸と塩基が反応して，1 molの水が生じるときの発熱量．

$$\text{HCl(aq)} + \text{NaOH(aq)} \longrightarrow \text{NaCl(aq)} + \text{H}_2\text{O} + 13.5\,\text{kcal}$$

溶解熱：物質1 molを多量の水に溶解するときに発生する発熱量または吸熱量．

$$\text{NaCl(s)} + \text{aq} \longrightarrow \text{NaCl(aq)} - 1.02\,\text{kcal}$$

> **ひとくちメモ**
> **s，l，gの意味**
> sは固体(solid)，lは液体(liquid)，gは気体(gas)の略で，物質の物理的状態を表している．aqは*aqueous*(水の：ラテン語)の略で，多量の水を意味する．NaCl(aq)は塩化ナトリウムの水溶液で，いわゆる食塩水のことである．

> **Keyword**
> 反応熱：燃焼熱，生成熱，中和熱，溶解熱

熱化学方程式

化学反応式に反応熱〔発熱反応の場合：＋(プラス)符号，吸熱反応の場合：－(マイナス)符号で表す．〕を付記し，両辺を＝(等号)で結んだ式を**熱化学方程式**という．この熱化学方程式は代数方程式のように扱うことができ，既知の熱化学方程式から未知の熱化学方程式を導きだし，未知の反応熱を求めることができる．これは，「化学反応で出入りする熱量は，反応の最初の状態と最終の状態だけで定まり，途中の反応経路は一切関係しない」という**ヘスの法則(総熱量保存の法則)**が成り立つからである．

たとえば，$H_2O(g)$ から $H_2O(l)$ になるときの反応熱を次式から求めてみよう(図7)．

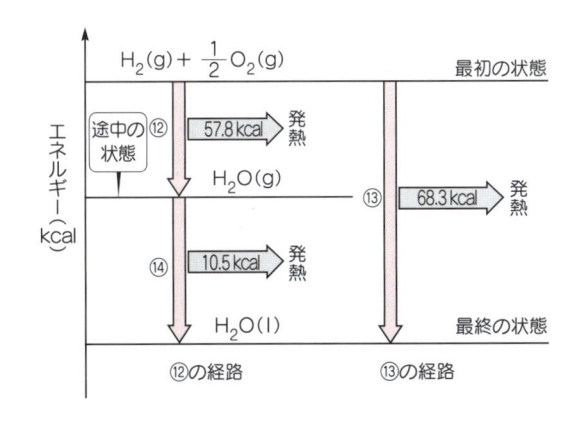

図7 ヘスの法則

$$H_2(g) + \frac{1}{2}O_2(g) = H_2O(g) + 57.8 \text{ kcal} \quad \cdots\cdots ⑫$$

$$H_2(g) + \frac{1}{2}O_2(g) = H_2O(l) + 68.3 \text{ kcal} \quad \cdots\cdots ⑬$$

式⑬－式⑫より，

$$H_2O(g) = H_2O(l) + 10.5 \text{ kcal} \quad \cdots\cdots ⑭$$

となる．

> **Keyword**
> 熱，化学方程式は数学的に，移項，加減乗除ができる
> ＋は発熱反応，－は吸熱反応

章 末 問 題

1. 触媒とは何か．

2. 食酢の中に含まれる酸は何か．

3. 胃酸 HCl 過多の消化不良や胸やけを和らげるために，しばしば炭酸水素ナトリウム $NaHCO_3$ や水酸化マグネシウム $Mg(OH)_2$ を主成分とする制酸剤が使用される．それぞれの中和反応を化学反応式で示せ．

4. 次の各水溶液の pH はいくらになるか．
   (1) 0.01 M の HCl　　(2) 0.001 mol/l の NaOH
   (3) $[H^+] = 10^{-3}$ mol/l　　(4) $[OH^-] = 10^{-2}$ mol/l

5. 大気汚染物質である二酸化硫黄 SO_2 と大気中の酸素 O_2 との反応によって生じる三酸化硫黄 SO_3 は，雲の中の水分と反応して，硫酸 H_2SO_4 になる．酸性雨が発生するしくみを化学反応式で書け．また，この反応において，酸化剤あるいは還元剤として働いた物質は何か．

6. グルコースが燃焼するときの化学反応式は以下のとおりである．
$$C_6H_{12}O_6 + 6\,O_2 \longrightarrow 6\,CO_2 + 6\,H_2O + 670\,\text{kcal}$$
グルコース 1 g が燃焼するときに発生する熱量は何 kcal になるか．

⑥ 食品中の濃度を考える
～溶液の濃度とその表し方～

　私たちの身のまわりには，さまざまな食品，医薬品，化粧品などがある．たとえば，病院に行って水薬をもらった場合，それには病気を治すために必要とされる分量だけ薬が溶けた状態になっている．食品や化粧品にもいろいろな物質が必要量含まれている(図1，付録付表1参照)．

　実験や実習の授業では，そのつど，目的に合った試薬を決まった濃度で調製しなければならない．この章では，溶液の濃い，薄いの度合いを表す濃度について学ぶことにしよう．

> **ひとくちメモ**
> **溶液とは**
> 3章 p.33参照．

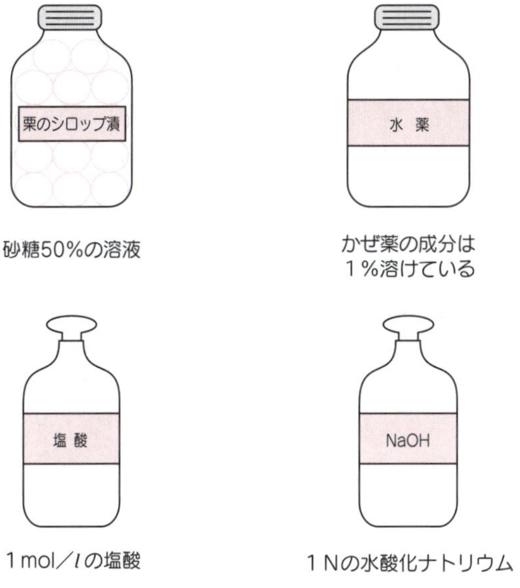

栗のシロップ漬
砂糖50%の溶液

水薬
かぜ薬の成分は1%溶けている

塩酸
1 mol/l の塩酸

NaOH
1 Nの水酸化ナトリウム

いろいろなものに濃度が使われているんだ 濃度って大切だね

図1　食品，薬，試薬の濃度

1　パーセント濃度を覚えておこう

パーセント濃度には，質量パーセント濃度(重量パーセント濃度ともいう)，質量/体積パーセント濃度(重量/容量パーセント濃度ともいう)，体積パーセント濃度(容量パーセント濃度ともいう)の三種類がある．

質量パーセント濃度

質量パーセント濃度とは，溶液100 g中に溶けている溶質の質量(g)をパーセント(%)で表した濃度である．

$$\text{質量パーセント濃度(\%)} = \frac{\text{溶質の質量(g)}}{\text{溶液の質量(g)}} \times 100$$

$$= \frac{\text{溶質の質量(g)}}{\text{溶質の質量(g)} + \text{溶媒の質量(g)}} \times 100$$

(溶液の質量 ＝ 溶質の質量 ＋ 溶媒の質量)

たとえば10 %の塩化ナトリウムNaClの溶液は，10 gのNaClに90 gの水を加えて溶かした溶液である．

$$\frac{10\,\text{g(NaCl)}}{10\,\text{g(NaCl)} + 90\,\text{g(水)}} \times 100 = \underline{10\,\%}$$

NaCl 10 g
水 90 g
10%(w/w)

質量/体積パーセント濃度

質量/体積パーセント濃度とは，溶液100 ml中に溶けている溶質の質量(g)をパーセント(%)で表した濃度である．とくに，希薄溶液ではよく用いられている．

$$\text{質量/体積パーセント濃度(\%)} = \frac{\text{溶質の質量(g)}}{\text{溶液の容量(m}l\text{)}} \times 100$$

たとえばNaCl 1.0 gを水に溶かして100 mlにしたときは，1.0%として表す．

$$\frac{1.0\,\text{g(NaCl)}}{100\,\text{m}l\,\text{(水)}} \times 100 = \underline{1.0\%}$$

NaCl 1.0 g
水 100 ml
1.0%(w/v)

ひとくちメモ
溶媒，溶質，溶液

AをBに溶かし溶液とするとき，Bを溶媒，Aを溶質という．
(例)食塩水は溶液で，水が溶媒，食塩が溶質である．
砂糖水は溶液で，水が溶媒，砂糖が溶質である．

ひとくちメモ
比重と密度の関係

比重は，ある物質の密度と水の密度との比である．水の密度は約1 g/ml (4 ℃)であるから，比重はふつう物質の密度の数値と一致する．ただし比重は単位をもたない．

$$\text{密度(g/m}l) = \frac{\text{質量(g)}}{\text{体積(m}l)}$$

$$\text{比重} = \frac{\text{物質の密度(1 gm}l)}{\text{水の密度(1 g/m}l, 4\,℃)}$$

なお，溶液の体積(1 cm³)と容量(1 ml)は同じと考え，
体積 ＝ 容量
として扱う．

ひとくちメモ
パーセント濃度の表し方

どのパーセント濃度であるかを示すために
質量パーセントは(w/w)
質量/体積パーセントは(w/v)
体積パーセントは(v/v)
　w：weight(質量)
　v：volume(体積)
で表現されることが多い．

体積パーセント濃度

体積パーセント濃度とは，溶液100 ml 中に溶けている溶質の量(ml)をパーセント(％)で表した濃度である．

$$体積パーセント濃度(\%) = \frac{溶質の容量(ml)}{溶質の容量(ml) + 溶媒の容量(ml)} \times 100$$

たとえばエチルアルコール10 ml を水90 ml に加えて100 ml にしたときの体積パーセント濃度は，10％エチルアルコールと表す．

$$\frac{10\,ml(エチルアルコール)}{10\,ml(エチルアルコール) + 90\,ml(水)} \times 100 = \underline{10\,\%}$$

> パーセント濃度は3種類あるのね

【練習問題】

① 5 g の NaCl に195 g の水を加えて溶かした溶液は何パーセントか．質量パーセント濃度で答えよ．

② 2 g の NaCl を水に溶かして500 ml にした溶液は何パーセントか．質量/体積パーセント濃度で答えよ．

③ エチルアルコール140 ml と水60 ml を混合し消毒液を調製した．この溶液は，何パーセントの溶液か．体積パーセント濃度で答えよ．

2　モル濃度はとっても大切

モル濃度は，溶液1 l 中に溶けている溶質の量をモル数で表した濃度である．

たとえば，水酸化ナトリウム(NaOH の分子量＝40)の1分子量40 g を水に溶かして，1 l にした水溶液は1モル(mol/l または1 M，「モーラー」と読む)溶液である．

この水酸化ナトリウム溶液中には40 g の NaOH が溶けているので，モル数＝質量/分子量から，
40 g(NaOH の質量)/40(NaOH の分子量)＝1モル

1モルが1 l 中に溶けているから，1モル/l ＝ $\underline{1\,mol/l}$ ＝ $\underline{1\,M}$　よって，この溶液のモル濃度は1 mol/l または1 M である．

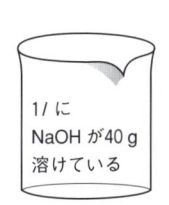

> **ひとくちメモ**
> **モル濃度**
> モル濃度は，化学ではよく使われる濃度であり，溶液中のイオン濃度もモル濃度で表すことが多い．

> **ひとくちメモ**
> **モル数＝質量/分子量(モル質量)**
> 1モル(mol)は，原子量・分子量・式量の値にグラム(g)をつけた質量で，これをモル質量(g/mol)という．たとえば40 g の NaOH の場合は，分子量が40なので，モル数＝40 g/40 g/モル＝1モルとなる．

ひとくちメモ
モル濃度の表し方
1 mol/l ＝ 1 M ＝ 1000 mM ＝ 1,000,000 μM
1 mol/l ＝ 1,000 m mol/l ＝ 1,000,000 μmol/l

Keyword
モル濃度（mol/l または M）＝ 1 l 中に溶けている溶質のモル数

$$\text{モル濃度(mol/}l\text{)} = \frac{\text{モル数(mol)}}{\text{水溶液の体積(}l\text{)}}$$

それでは，水酸化ナトリウム NaOH を用いて，いくつかの例をあげてモル濃度の計算を練習してみよう．

例題1 1 l 中に NaOH が 4 g 溶けている場合のモル濃度を求めてみよう．

解 この水酸化ナトリウム溶液中には 4 g の NaOH が溶けているので，
4 g（NaOH の質量）/40 g/モル（NaOH の分子量）＝ 0.1 モル
0.1 モルが 1 l 中に溶けているから，
0.1 モル/l ＝ <u>0.1 mol/l</u> ＝ <u>0.1 M</u>
よって，この溶液のモル濃度は 0.1 mol/l または 0.1 M または 100 mM である．

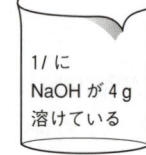

ひとくちメモ
組成式量と分子量
NaCl などイオン結合したものは，正しくは組成式量（式量）として表すが，化合物は一括して分子量で表現することが多い．

例題2 100 ml 中に NaOH が 40 g 溶けている場合のモル濃度を求めてみよう．

解 この水酸化ナトリウム溶液中には 40 g の NaOH が溶けているので，40 g（NaOH の質量）/40 g/モル（NaOH の分子量）＝ 1 モル
1 モルが 100 ml 中に溶けているから，
1 モル/100 ml ＝ 1 mol/100 ml
モル濃度は溶液 1 l 中に溶けている溶質のモル数で表せるので，
100 ml（＝ 0.1 l）のとき，1 mol
1 l のときは，1 l/0.1 l ＝ 10 倍のモル数であるから，
1 l の溶液のモル数は，1 mol × 10 ＝ 10 mol
この溶液のモル濃度は，<u>10 mol/l</u> または <u>10 M</u> である．

【練習問題】
① 250 ml 中に NaOH が 4 g 溶けている．この溶液のモル濃度を求めよ．
② 0.1 M の NaOH を 200 ml 調製したい．何グラムの NaOH を溶かして 200 ml にすればよいか．

3 グラム当量と規定濃度も知っておこう

グラム当量

元素の原子価(価数)1に相当する式量をその元素の1当量といい,その式量にグラムをつけた量を**1グラム当量**という.

$$当量 = \frac{原子量}{原子価(価数)}$$

【例】酸素Oの原子量は16.0,Oは2価だから,

$$酸素の1当量 = \frac{16.0}{2} = 8.0 \quad よって,1グラム当量 = 8.0\,g$$

【例】水素Hの原子量は1.0,Hは1価だから,

$$水素の1当量 = \frac{1.0}{1} = 1.0 \quad よって,1グラム当量 = 1.0\,g$$

とくに,化学実験を行うときには必要な試薬として,酸や塩基の溶液を調製する機会が多いので,酸・塩基の1グラム当量について説明しておこう.

水素イオン H^+ または水酸化物イオン OH^- 1 mol を放出することができる酸または塩基の量(mol, g)を,酸または塩基の1グラム当量という.

【例】化学式	1 mol の質量	放出する H^+ または OH^- の数	1グラム当量
HCl	36.5 g	1	36.5 g
H_2SO_4	98.0 g	2	49.0 g
NaOH	40.0 g	1	40.0 g
$Ca(OH)_2$	74.0 g	2	37.0 g

放出する H^+ または OH^- の数が酸・塩基の価数であるから,酸・塩基のグラム当量は次のような式で求められる.

$$酸・塩基の1グラム当量 = \frac{1\,mol}{価数}(mol) = \frac{組成式量}{価数}(g)$$

規定濃度

規定濃度とは,溶液1 l 中に溶けている溶質量をグラム当量数で表したものである.

たとえば,水酸化ナトリウムの1グラム当量40 g を水に溶かして,1

l にした水溶液は1規定(グラム当量/l または1N)溶液である．規定溶液は容量分析の際にたびたび用いられるので，その調製には十分慣れて正確な濃度をつくることができるようにしておく必要がある．

> **Keyword** 規定濃度(グラム当量/l または N)＝1l 中に溶けている溶質のグラム当量数
>
> $$規定濃度(N) = \frac{酸・塩基のグラム当量数(グラム当量)}{水溶液の体積(l)}$$

規定濃度とモル濃度の関係

規定濃度は水溶液1l 中の溶質のグラム当量数で表し，モル濃度は水溶液1l 中の溶質のモル数で表す．また，n 価の酸・塩基の1 mol が n グラム当量であるから，モル濃度の数値を n 倍したものが規定濃度の数値と等しくなる．

（規定濃度とモル濃度の関係はしっかり覚えておこう）

> $$規定濃度(N) = \frac{酸・塩基のグラム当量数}{水溶液の体積(l)} = モル濃度(mol/l) \times 酸・塩基の価数$$

たとえば，溶液1l 中に硫酸 H_2SO_4 が 98 g 溶けている場合のモル濃度と規定濃度は，次のように求められる．

モル濃度は，モル数 ＝ 質量/分子量 ＝ 98 g/98 g/mol ＝ 1 mol

1l に溶けているから，<u>1 mol/l ＝ 1 M</u>

規定濃度は，H_2SO_4 が 2 価だから，

1 mol のとき，1 mol × 2 価 ＝ 2 グラム当量

1l に溶けているので，<u>2 グラム当量/l ＝ 2 N</u>

よって，この溶液のモル濃度は 1 mol/l または 1 M であり，規定濃度は 2 N である．

（1l に H_2SO_4 が98g溶けている　1 M，2 N）

それでは，硫酸 H_2SO_4 を用いて，いくつかの例をあげながら，モル濃度と規定濃度の計算を練習してみよう．

例題1 溶液1l 中に硫酸 H_2SO_4 が 9.8 g 溶けている場合のモル濃度と規定濃度は，次のように求められる．

3 グラム当量と規定濃度も知っておこう

解 モル濃度は，9.8 g/98 g/mol＝0.1 mol
1 l に溶けているから，0.1 mol/l＝0.1 M（＝100 mM）
規定濃度は，H_2SO_4 は 2 価だから，
0.1 mol のとき，0.1 mol × 2 価＝0.2 グラム当量
1 l に溶けているので，0.2 グラム当量/l＝0.2 N

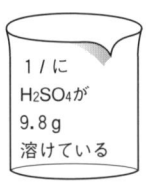

1 l に H_2SO_4 が 9.8 g 溶けている
0.1 M, 0.2 N

例題 2 溶液 1 l 中に硫酸 H_2SO_4 が 196 g 溶けている場合のモル濃度と規定濃度は，次のように求められる．

解 モル濃度は，196 g/98 g/mol ＝ 2 mol
1 l に溶けているから，2 mol/l ＝ 2 M
規定濃度は，H_2SO_4 が 2 価だから，
2 mol のとき，2 mol × 2 価 ＝ 4 グラム当量
1 l に溶けているので，4 グラム当量/l ＝ 4 N

1 l に H_2SO_4 が 196 g 溶けている
2 M, 4 N

例題 3 溶液 2 l 中に硫酸 H_2SO_4 が 98 g 溶けている場合のモル濃度と規定濃度は，次のように求められる．

解 モル濃度は，98 g/98 g/mol ＝ 1 mol
2 l に溶けているから，1 l 中のモル数を x mol とすると，
2 l : 1 mol ＝ 1 l : x mol　　x ＝ 1/2 ＝ 0.5 mol
よって，0.5 mol/l ＝ 0.5 M
規定濃度は，H_2SO_4 が 2 価だから，
0.5 mol のとき，0.5 mol × 2 価 ＝ 1 グラム当量
1 l に溶けているので，1 グラム当量/l ＝ 1 N

2 l に H_2SO_4 が 98 g 溶けている
0.5 M, 1 N

例題 4 溶液 100 ml 中に硫酸 H_2SO_4 が 98 g 溶けている場合のモル濃度と規定濃度は，次のように求められる．

解 モル濃度は，98 g/98 g/mol＝ 1 mol　　100 ml（0.1 l）に溶けているから，1 l 中のモル数を x mol とすると，0.1 l : 1 mol ＝ 1 l : x mol
x ＝ 1/0.1 ＝ 10 mol　　よって，10 mol/l ＝ 10 M
規定濃度は，H_2SO_4 が 2 価だから，
10 mol のとき，10 mol × 2 価＝20 グラム当量
1 l に溶けているので，20 グラム当量/l＝20 N

100 ml に H_2SO_4 が 98 g 溶けている
10 M, 20 N

【練習問題】

① 次の問いに答えよ．分子量は H_2SO_4 ＝ 98，NaOH ＝ 40，Ba(OH)$_2$ ＝ 171 とする．

（1）（ア）硫酸4.9 gは何モルか．（イ）これは何グラム当量か．
　　　（ウ）この分子数はいくらか．
（2）（ア）水酸化ナトリウム4.0 gは何グラム当量か．
　　　（イ）これが1 l 中にあれば，何規定か．
（3）0.2規定の水酸化バリウム1 l 中には，$Ba(OH)_2$は何グラム当量あるか．また，これは何gか．
（4）2モル/l の硫酸は何規定か．
（5）（ア）0.4規定の水酸化ナトリウムは何モル/l か．
　　　（イ）この溶液1 l 中のNaOHは何gか．
（6）水酸化ナトリウム0.80 gをとり，水に溶かして1 l とした．この溶液は何モル/l か．また，何規定か．
（7）W gの水酸化バリウムを水に溶かして1 l とした．この溶液は何規定か．
② 2規定の硫酸1 l と3規定の硫酸500 ml とを混合した．この中のH_2SO_4のグラム当量数，モル数および質量を求めよ．

4　濃度表示には重量モル濃度もある

食品中に含まれる添加物などは，重量モル濃度で表すこともある．**重量モル濃度**は，モル濃度と異なり，溶媒1 kgに溶けている溶質の量をモル数で表したものである．モル濃度では溶液の体積が基準になるのに対し，重量モル濃度では溶媒の質量が基準となっている．

$$重量モル濃度(mol/kg) = \frac{溶質のモル数(mol)}{溶媒の質量(kg)}$$

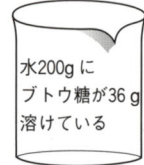

水200 gに
ブドウ糖が36 g
溶けている

1 mol/kg

たとえばブドウ糖$C_6H_{12}O_6$ 36 gを水200 gに溶かした溶液の重量モル濃度は，$C_6H_{12}O_6$の分子量＝180とすると，

　　溶質のモル数 $= \dfrac{36}{180} = 0.2$ mol

　　溶媒の質量 $= 200$ g $= 0.2$ kg

　　ブドウ糖溶液の重量モル濃度 $= \dfrac{0.2 \text{ mol}}{0.2 \text{ kg}} = \underline{1 \text{ mol/kg}}$

よって，この溶液の重量モル濃度は1 mol/kgである．

【練習問題】
　塩化ナトリウム NaCl 70 gを水200 gに溶かした溶液の重量モル濃度を求めよ．

5　簡単な試薬の調製法

質量パーセント溶液の調製

（1）固体試薬より調製（図2）

図2　パーセント溶液の調製

● A(%)溶液を B(g)調製したいとき

$$\text{試薬の質量(g)} = \frac{A(\%) \times B(g)}{100}, \quad \text{水の容量(m}l\text{)} = B - \text{試薬の質量}$$

$$\text{ただし, 水は質量(1g)} = \text{容量(1m}l\text{)とする}$$

【例】 4%溶液を200g調製するには

$$\text{試薬の質量} = \frac{4 \times 200}{100} = \underline{8g}, \quad \text{水の容量} = 200 - 8 = \underline{192\,ml}$$

答　試薬8gを水192 ml に溶かす．

試薬8g
水192 ml
4%

● 試薬に結晶水を含んでいる場合：A(%)溶液を B(g)調製したいとき

$$\text{試薬の質量(g)} = \frac{A(\%) \times B(g)}{100} \times \frac{\text{結晶水を含んだときの分子量}}{\text{結晶水を含まないときの分子量}}$$

水の容量(ml) ＝ B － 試薬の質量

ただし, 水は質量(1g) ＝ 容量(1ml)とする

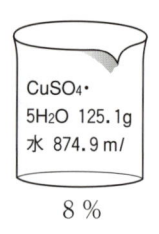

【例】 8％硫酸銅溶液1000 g 調製するには，

CuSO₄の分子量＝159.5，CuSO₄・5H₂O の分子量＝249.5とすると，

$$試薬の質量 = \frac{8 \times 1000}{100} \times \frac{249.5}{159.5} = \underline{125.1 \text{ g}}$$

$$水の容量 = 1000 - 125.1 = \underline{874.9 \text{ m}l}$$

答 硫酸銅125.1 g を水874.9 ml に溶かす．

（2）溶液のパーセント濃度を変える（図3）

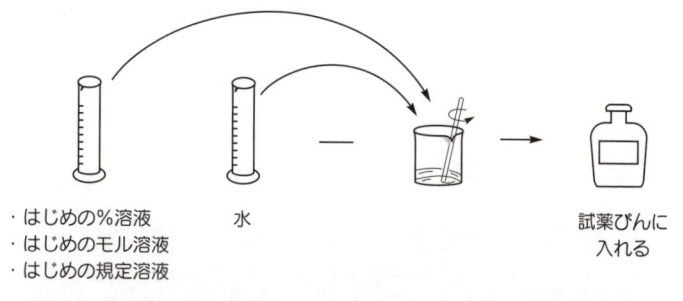

図3　パーセント(％)濃度，モル(M)濃度，規定(N)濃度を変える

●A(％)溶液より B(％)溶液を Cml 調製したいとき

$$A(\%) \times A(\%)溶液の容量(ml) = B(\%) \times C(ml) より，$$

$$A(\%)溶液の容量(ml) = \frac{B(\%) \times C(ml)}{A(\%)}$$

$$水の容量(ml) = C - \frac{B \times C}{A}$$

【例】20％水溶液より10％水溶液を100 ml 調製するには，

$$20\%水溶液の容量 = \frac{10 \times 100}{20} = \underline{50 \text{ m}l}$$

$$水の容量 = 100 - 50 = \underline{50 \text{ m}l}$$

答 20％水溶液50 ml と水50 ml を混合する．

モル溶液の調製

(1) 固体試薬より調製(図4)

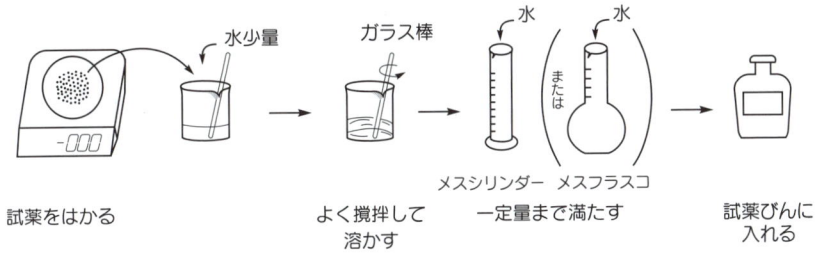

試薬をはかる → よく撹拌して溶かす → メスシリンダー メスフラスコ 一定量まで満たす → 試薬びんに入れる

図4 モル溶液, 規定溶液の調製

● A モル(M)溶液を B(l)調製したいとき

$$\text{試薬の質量(g)} = \text{試薬の分子量} \times A(M) \times B(l)$$
水の容量は一定まで加えるので直接計らない

もう一度, 確認!
$1M = 1\,mol/l$

【例】 1 M $AgNO_3$ を 500 ml 調製するには
　　　$AgNO_3$ の分子量=170 だから,
　　　試薬の質量 = $170 \times 1 \times 0.5$ = <u>85.0 g</u>
　　　　答 $AgNO_3$ 85.0 g を水に溶かして 500 ml にする.

● 試薬に結晶水を含んでいる場合(A(M)の溶液を B(l)調製したいとき)

$$\text{試薬の質量(g)} = \text{結晶水を含む試薬の分子量} \times A(M) \times B(l)$$
水の容量は一定まで加えるので直接計らない

【例】 0.1M $BaCl_2$ を 4 l 調製するには,
　　　$BaCl_2 \cdot 2H_2O$ の分子量 245($BaCl_2$ の分子量=209)だから,
　　　試薬の質量 = $245 \times 0.1 \times 4$ = <u>98 g</u>
　　　　答 $BaCl_2 \cdot 2H_2O$ 98g を水に溶かして 4 l にする.

(2) 溶液のモル(M)数を変える(図3参照)

● A モル(M)から B モル(M)を C(l)調製したいとき

$$A(M) \times A(M)\text{溶液の容量}(l) = B(M) \times C(l) \quad (MV = M'V' \text{とも書く})$$

$$A(M)\text{溶液の容量}(l) = \frac{B(M) \times C(l)}{A(M)}, \quad \text{水の容量}(l) = C - \frac{B \times C}{A}$$

【例】4 M HCl より 0.1M HCl を 200 ml 調製するには，

$$4\text{ M HCl の容量} = \frac{0.1 \times 200}{4} = \underline{5\text{ m}l}$$

$$\text{水の容量} = 200 - 5 = \underline{195\text{ m}l}$$

答　4 M HCl 5 ml と水 195 ml を混合する．

規定溶液の調製

(1) 固体試薬より調製（図 4 参照）

●A 規定(N)溶液を B(l)調製したいとき

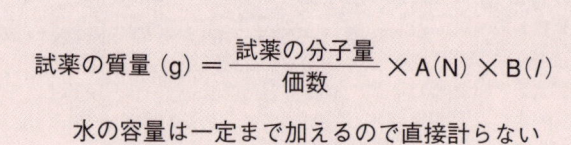

$$\text{試薬の質量(g)} = \frac{\text{試薬の分子量}}{\text{価数}} \times A(N) \times B(l)$$

水の容量は一定まで加えるので直接計らない

規定溶液はモル溶液を価数で割った分だけのモル数を含むんだ

【例】1 N AgNO$_3$ を 500 ml 調製するには，AgNO$_3$ の分子量＝170，価数 1 だから，

$$\text{試薬の質量} = \frac{170}{1} \times 1 \times 0.5 = \underline{85.0\text{ g}}$$

答　AgNO$_3$ 85.0 g を水に溶かして 500 ml にする．

●試薬に結晶水を含んでいる場合：A 規定(N)溶液を B(l)調製したいとき

$$\text{試薬の質量(g)} = \frac{\text{結晶水を含む試薬の分子量}}{\text{価数}} \times A \times B(l)$$

水の容量 ＝ 一定まで加えるので直接計らない

【例】0.1N BaCl$_2$ を 4 l 調製するには，

BaCl$_2$・2H$_2$O の分子量＝245（BaCl$_2$ の分子量＝209），価数 2 だから，

$$\text{試薬の質量} = \frac{245}{2} \times 0.1 \times 4 = \underline{49\text{ g}}$$

答　BaCl$_2$・2H$_2$O 49 g を水に溶かして 4 l にする．

（2）溶液の規定（N）数を変える

●A規定（N）からB規定（N）をC(l)調製したいとき（図3参照）

$$A(N) \times A(N)溶液の容量(l) = B(N) \times C(N)溶液の容量(l) \quad (NV = N'V' とも書く)$$

$$A(N)溶液の容量(l) = \frac{B(N) \times C(l)}{A(N)}, \quad 水の容量(l) = C - \frac{B \times C}{A}$$

【例】 4 N HCl より0.1 N HCl を200 ml 調製するには，

$$4 N\ HCl の容量 = \frac{0.1 \times 200}{4} = \underline{5\ ml}$$

水の容量 $= 200 - 5 = \underline{195\ ml}$

答 4 N HCl を 5 ml と水195 ml を混合する．

章末問題

1. 塩化水素HClが，14.6 g 溶けている水溶液が180 ml ある．希塩酸の濃度は何モルか．また，何規定か．原子量はH=1.0，Cl=35.5とする．答は，小数点第3位を四捨五入して記入せよ．

2. 濃度のわからない水酸化ナトリウム水溶液が，60 ml ある．いま，この水溶液を0.1規定の塩酸で滴定したところ，30 ml を要した．水酸化ナトリウムのモル濃度および規定濃度を求めよ．

3. 市販の濃硫酸は比重1.92で，H_2SO_4を96％含んでいる．H_2SO_4の分子量=98として，以下の設問に答えよ．
   (1) この濃硫酸の濃度(mol/l)はいくらか．答は小数点第2位を四捨五入して記入せよ．
   (2) この濃硫酸の濃度(N)はいくらか．
   (3) この濃硫酸100 ml を水で薄めて，250 ml の希硫酸とした．この希硫酸100 ml 中のH_2SO_4のモル数はいくらか．有効数字2けたで表せ．
   (4) (3)の希硫酸100 ml を中和するのに，5 mol/l の水酸化ナトリウムは何 ml 必要か．
   (5) (3)の希硫酸100 ml を中和するのに，10 N 水酸化カリウムは

何 ml 必要か．

(6) (3)の希硫酸100 ml とちょうど反応し得るアンモニアは27℃，1 atm で何 l (リットル)か．ただし，次の反応式が与えられているものとする．

$$2\,NH_3 + H_2SO_4 \longrightarrow (NH_4)_2SO_4$$

4 5規定の硫酸1 l と6規定の硫酸500 ml を混合した．この中の H_2SO_4 のグラム当量数，モル数および質量を求めよ．H_2SO_4 の分子量＝98

5 CaO (分子量＝56) 5.6 g と NaOH (分子量＝40) 12.0 g の混合物の塩基としてのグラム当量を求めよ．

6 次の文章のカッコ内に適当な数字を記入せよ．割り切れない場合は，小数点第2位を四捨五入して記入せよ．

(1) 質量パーセント濃度の場合，3％溶液を600 g つくるには，試薬（ 1 ）g を水（ 2 ）g に溶かす．質量/体積パーセントの場合では，3％溶液を600 ml つくるには，試薬（ 3 ）g を水に溶かして，（ 4 ）ml とする．

(2) $CuSO_4 \cdot 5H_2O$ から，4％硫酸銅溶液1000 g つくるには，$CuSO_4 \cdot 5H_2O$（ 5 ）g を水（ 6 ）g に溶かす．($CuSO_4$＝159.5)（質量パーセント濃度の場合である．）

(3) 75％水溶液より，2.5％水溶液を100 ml つくりたい場合は，75％水溶液（ 7 ）ml と水（ 8 ）ml を混合する．

(4) 4 N の $AgNO_3$（分子量＝170）を250 ml つくりたい場合は，$AgNO_3$（ 9 ）g を水に溶かして（ 10 ）ml にする．

(5) 6 M の HCl より0.1 N の HCl 200 ml つくりたい場合は，6 M の HCl（ 11 ）ml を水（ 12 ）ml に混合する．

7 食品中の有機化合物とその働き

　もともと**有機化合物**とは，動植物などの生物体（有機体）由来の物質のことを，**無機化合物**とは，鉱物などの無生物由来の物質のことを意味していた．しかし，今日では有機化合物とは，分子内に炭素-水素（C–H）結合をもち，そのほかに酸素 O，窒素 N，硫黄 S などの元素を含んでいる化合物のことを，炭素-水素結合をもたない化合物のことは無機化合物とよんでいる．有機化合物と無機化合物との特徴を表1に示す．

表1　有機化合物と無機化合物の特徴

	有機化合物	無機化合物
構成元素	C, H, O, N, P, S, ハロゲンなど少数	すべての元素
結合	ほとんどが共有結合	イオン結合が多い
沸点, 融点	低いものが多い	高いものが多い
溶解性	有機溶媒に溶けるものが多い	水に溶けるものが多い
燃焼性	燃えるものが多い	燃えないものが多い
数	多い（1500万）	少ない（3〜4万）

1　有機化合物は生体を構成する重要な物質

　私たちの体は水分を除くと，糖質，タンパク質，脂質，そして無機質（ミネラル）からできている（図1）．糖質，タンパク質，脂質は，すべて有機化合物であり，私たちの生命活動を維持するために欠かすことのできない三大栄養素である．このような大切な栄養素を，私たちは毎日の食事，すなわち食物から得ている．したがって，私たちは毎日，栄養素のバランスがとれた食事をしっかりととらなければならないのである．

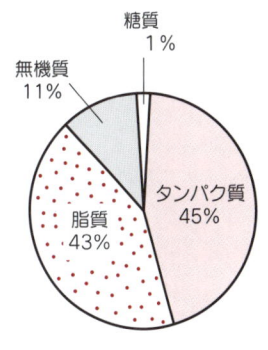

図1　人体を構成する成分
（ただし，水分を除いた人体の構成成分）

タンパク質 45%
脂質 43%
無機質 11%
糖質 1%

糖 質

Keyword　三大栄養素：糖質，タンパク質，脂質

(1) 糖 質

糖質は一般に，炭水化物とよばれる．炭水化物というよび名は文字どおり「炭素と水が化合した物」という意味からきており，実際，分子式 $C_n(H_2O)_m$ で書き表せるものが多い．しかし，現在では，糖質とは，アルデヒド基（−CHO）またはケトン基（>C=O）をもつ多価アルコール，あるいは加水分解によりこれらの化合物を与える物質のことをいう．

糖質は，単糖類，少糖類（オリゴ糖類：単糖が2〜10個結合したもの），多糖類に分類される．代表的なものを表2に示す．

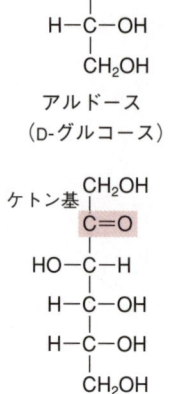

アルデヒド基
CHO
H−C−OH
HO−C−H
H−C−OH
H−C−OH
CH₂OH
アルドース
(D-グルコース)

ケトン基
CH₂OH
C=O
HO−C−H
H−C−OH
H−C−OH
CH₂OH
ケトース
(D-フルクトース)

表2　糖質の分類

分　類	例	構成成分	所　在
単糖類	グルコース（ブドウ糖）		果実，蜜
	フルクトース（果糖）		果実，蜜
	ガラクトース		乳汁
少糖類 （代表的な二糖類）	スクロース（ショ糖）	グルコースと果糖	サトウキビ，テンサイ
	マルトース（麦芽糖）	グルコース	水あめ，麦芽
	ラクトース（乳糖）	ガラクトースとグルコース	乳汁
多糖類	デンプン	グルコース	穀物，イモ類
	セルロース	グルコース	植物体（細胞膜）
	グリコーゲン	グルコース	肝臓，筋肉，カキ

植物は，自ら光合成により二酸化炭素と水から糖質（セルロース，デンプン）をつくることができる．セルロースは細胞壁や木質組織などの構成成分であり，植物体の構造を支えている．また，デンプンは植物のエネルギー貯蔵物質である．私たちヒトは，植物が蓄えた糖質（デンプン）をご飯やパンなどのかたちで食べ，エネルギー源として利用している．糖質1gからは4kcalのエネルギーが産み出される．

Keyword　糖質は単糖類，少糖類，多糖類に分類される

（2）グルコースが元気のもと

　私たちがご飯やパンなどから摂取したデンプンは，だ液や膵液に含まれるα-アミラーゼという酵素によって分解され，マルトース（麦芽糖）になる．マルトースは，さらに小腸で，マルターゼという酵素によってグルコースに分解される．

　小腸で吸収されたグルコースは，肝臓に運ばれる．肝臓では，グルコースはエネルギー源になるほか，グリコーゲンに変えられて貯蔵される．また，一部のグルコースはそのまま血流にのって各組織に運ばれて利用される．筋肉組織では，グルコースはエネルギー源や貯蔵グリコーゲンとなり，脂肪組織では脂肪に転換されて蓄積される．

> **ひとくちメモ**
> **血糖値**
> 血液中のグルコース濃度のことを血糖値という．脳，赤血球，神経組織はグルコースのみをエネルギー源としているために，血糖への依存度が高く，私たちが生きていくためにも血糖値の維持は，きわめて大切なことである．通常，血糖値は食間の空腹時で70〜110 mg/dl に維持されている．

タンパク質はアミノ酸が結合したもの

　タンパク質は私たちの体をつくる主要な成分として，きわめて重要な物質である（図1）．また，生体内で代謝調節に関与する酵素やホルモンもタンパク質である．このように生体内で多種多様な働きをするタンパク質は，炭素C，酸素O，水素H，窒素Nのほか，硫黄S，リンPなどの元素からできている．

　私たちが食べたタンパク質は，体の中でタンパク質分解酵素であるプロテアーゼにより加水分解されてα-アミノ酸になり，このアミノ酸は体タンパク質の合成に利用される．すなわち，タンパク質はアミノ酸とよばれる分子が多数結合（ポリペプチド結合）したものである．アミノ酸とは，塩基性のアミノ基-NH_2と酸性のカルボキシル基-COOHをあわせもつ化合物であり（図2），タンパク質を構成するアミノ酸は全部で20種類ある．アミノ酸は，中心のα-炭素原子にそれぞれ特有な側鎖（Rで表す）をもち，その特性によって分類される（表3）．

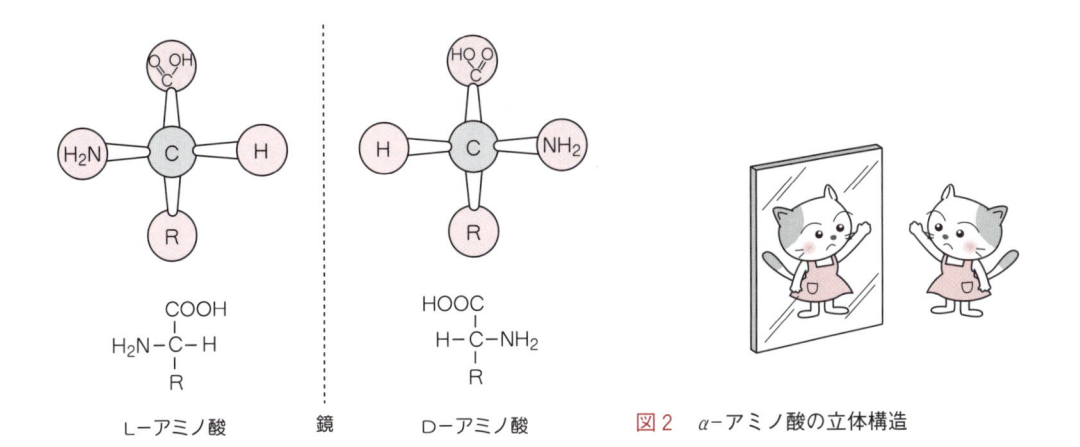

図2　α-アミノ酸の立体構造

表3 タンパク質を構成するアミノ酸の種類

分類		アミノ酸	略号	1文字表記	構　造　式
酸性アミノ酸		アスパラギン酸	Asp	(D)	HOOC-CH$_2$-CH(NH$_2$)-COOH
		グルタミン酸	Glu	(E)	HOOC-(CH$_2$)$_2$-CH(NH$_2$)-COOH
中性アミノ酸	酸性アミノ酸の酸アミド	アスパラギン	Asn	(N)	H$_2$NOC-CH$_2$-CH(NH$_2$)-COOH
		グルタミン	Gln	(Q)	H$_2$NOC-(CH$_2$)$_2$-CH(NH$_2$)-COOH
	ヒドロキシアミノ酸	セリン	Ser	(S)	CH$_2$(OH)-CH(NH$_2$)-COOH
		トレオニン	Thr	(T)	CH$_3$-CH(OH)-CH(NH$_2$)-COOH
	脂肪族アミノ酸	グリシン	Gly	(G)	H-CH(NH$_2$)-COOH
		アラニン	Ala	(A)	CH$_3$-CH(NH$_2$)-COOH
		バリン	Val	(V)	(CH$_3$)$_2$CH-CH(NH$_2$)-COOH
		ロイシン	Leu	(L)	(CH$_3$)$_2$CH-CH$_2$-CH(NH$_2$)-COOH
		イソロイシン	Ile	(I)	CH$_3$-CH$_2$-CH(CH$_3$)-CH(NH$_2$)-COOH
	含硫アミノ酸	メチオニン	Met	(M)	CH$_3$S-(CH$_2$)$_2$-CH(NH$_2$)-COOH
		システイン	Cys	(C)	HS-CH$_2$-CH(NH$_2$)-COOH
	芳香族アミノ酸	チロシン	Tyr	(Y)	HO-C$_6$H$_4$-CH$_2$-CH(NH$_2$)-COOH
		フェニルアラニン	Phe	(F)	C$_6$H$_5$-CH$_2$-CH(NH$_2$)-COOH
		トリプトファン	Trp	(W)	(インドリル)-CH$_2$-CH(NH$_2$)-COOH
	複素環アミノ酸（イミノ酸）	プロリン	Pro	(P)	(ピロリジン環)-CH(COOH)-NH
塩基性アミノ酸		リシン	Lys	(K)	H$_2$N-(CH$_2$)$_4$-CH(NH$_2$)-COOH
		ヒスチジン	His	(H)	(イミダゾリル)-CH$_2$-CH(NH$_2$)-COOH
		アルギニン	Arg	(R)	H$_2$N-C(=NH)-NH-(CH$_2$)$_3$-CH(NH$_2$)-COOH

うすい色のついたところは共通部分を表す．色の文字は必須アミノ酸を表す．

> **Keyword** 体の中のタンパク質は20種類のL-α-アミノ酸からできている

ひとくちメモ
必須アミノ酸

必須アミノ酸の不足は，子供の発育の遅れや病気に対する免疫力の低下を招く．一般に，動物性タンパク質はすべての必須アミノ酸を含み，各必須アミノ酸も豊富に含まれ良質のタンパク質であるが，植物性タンパク質の多くは，必須アミノ酸を欠いているか，たとえすべての必須アミノ酸を含んでいても量的に問題がある．たとえば，豆類ではトリプトファン，メチオニン(含硫アミノ酸)が，穀類ではリシン，トレオニンが不足している．したがって，菜食主義者の場合は，いろいろな植物性食品を組み合せて，すべての必須アミノ酸を摂取するように心がけなければならない．

アミノ酸には，D型またはL型の立体異性体が存在するが，タンパク質を構成するアミノ酸はすべてL型のみである．だだし，アミノ酸の側鎖が水素Hのグリシンは D型，L型の区別はない．

アミノ酸の中には体内で合成できるもの(非必須アミノ酸)と，できないもの(必須アミノ酸)とがあり，合成できない必須アミノ酸は食物から摂取しなければならない．必須アミノ酸は，はじめ成人では8種類(イソロイシン，ロイシン，リシン，メチオニン，フェニルアラニン，トレオニン，トリプトファン，バリン)，幼児ではこれらにヒスチジンを加えた9種類であったが，1985年，FAO/WHO/UNU(国連食糧農業機関/世界保健機構/国連大学)の合同委員会で，成人にもヒスチジンが必須であるとの報告があって以来，ヒトの必須アミノ酸は9種類とされている．

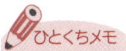

column

パーマのかけすぎには注意しよう

毛髪はケラチンというタンパク質からできている．ケラチンにはシスチンというジスルフィド結合(−S−S−)をもつアミノ酸〔システイン(−SH 同士が結合したもの)〕が多数存在し，この結合が毛髪の性質を決めている．

パーマを一度かけると，長い間毛髪のウエーブがとれないのは，このケラチン内のジスルフィド結合が関係している．

はじめに，毛髪をチオール基(−SH)を含んだ還元剤で処理して，いったんケラチンのジスルフィド結合を還元し，切る〔(−S−S−)⇒(−SH, HS−)〕(①)．次に，毛髪に望みのカーラーを巻きつけて(②)，新たに酸化剤で毛髪を処理する(③)と，以前とは違った箇所に再びジスルフィド結合が形成される(④)．ジスルフィド結合は共有結合で強い結合なので，長い間にわたって毛髪のウエーブがとれないのである．このようにパーマは化学反応を活用したものであるが，毛髪にとって決してよいわけではない．パーマのかけすぎには，くれぐれもご用心を！

ストレートの状態 → ①還元剤処理(還元) → −S−S−の切断 → ②カーラーに巻く → 巻いたことにより変形 → ③酸化剤処理(酸化) → ④−S−S−の再結合

パーマネントウェーブの原理

> **Keyword** 必須アミノ酸(9種類):イソロイシン,ロイシン,リシン,メチオニン,フェニルアラニン,トレオニン,トリプトファン,バリン,ヒスチジン

脂質はエネルギー貯蔵物質の No. 1

脂質とは,水には溶けず,クロロホルムやエーテルなどの有機溶媒に溶ける有機化合物の総称である.脂質を大別すると基本構造に脂肪酸をもつものと,もたないものとに分類できる.油脂,ろうなどの単純脂質やリン脂質,糖脂質などの複合脂質は前者に,ステロイドホルモン,脂溶性ビタミンなどは後者に分類される脂質である.脂肪酸とは,炭化水素鎖の末端にカルボキシル基 −COOH をもつ有機酸のことである.

脂質は,エネルギー源として効率のよい貯蔵物質である.脂質1gは9 kcal のエネルギーを供給するので,糖質やタンパク質の2倍以上の高いエネルギー量をもっていることになる.脂質は,体内では中性脂肪のかたち(トリアシルグリセロール)で皮下脂肪組織に多く含まれ,必要に応じてエネルギー源として利用される.この皮下脂肪組織は,体から熱が奪われるのを防ぐ断熱材として体温維持に役立っているほか,弾力

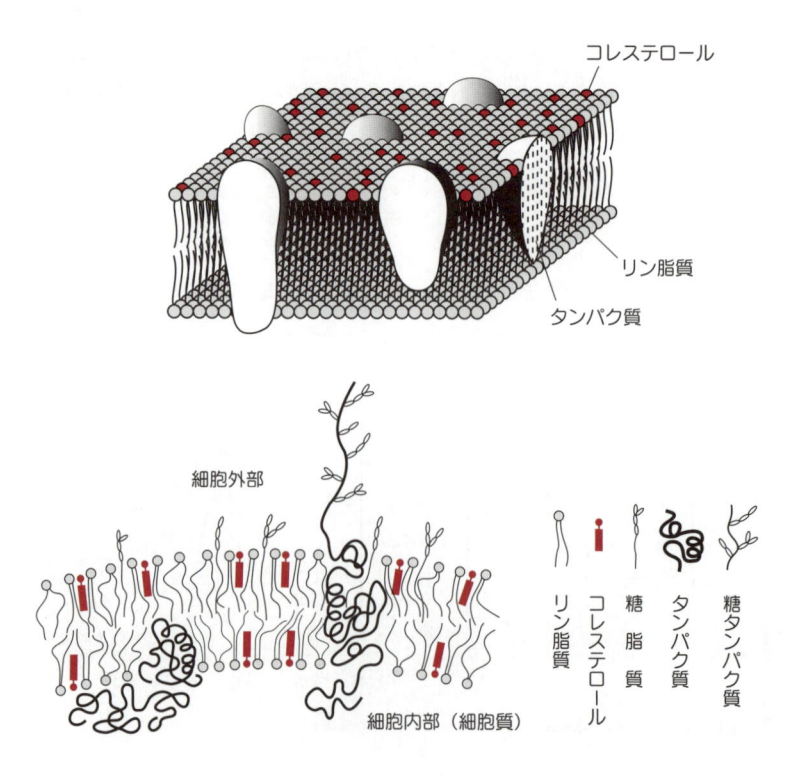

図3 生体膜の構造

性も兼ね備えているので，外部からの衝撃に対して内部の組織を保護する役目をしている．脂質の仲間である**リン脂質**や**コレステロール**は，細胞膜，核膜，ミトコンドリア膜，小胞体などの生体膜の構成成分としても重要である(図3)．このほか脂質の働きとしては，脂溶性ビタミンの吸収を助けていることがあげられる．脂質はヒトの体重の約20%を占めている．

私たちが調理で使うサラダ油や天ぷら油は**油脂**とよばれ，代表的な脂質である．ふだん，私たちは油脂のことを**脂肪(中性脂肪)**とよんでいる．

一般に，常温で液体のものを**油**といい，常温で固体のものを**脂**とよぶ．油脂は3価アルコールのグリセロールに三つの脂肪酸がエステル結合したもの(トリアシルグリセロール)である(図4)．

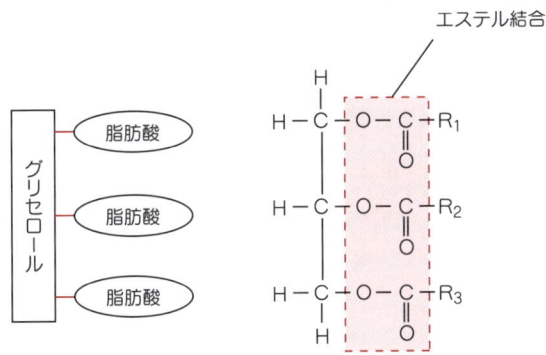

図4 油脂(脂肪)の一般構造

油脂を構成する脂肪酸には，**飽和脂肪酸**と**不飽和脂肪酸**とがある．脂肪酸の炭化水素鎖に二重結合をもたないものを飽和脂肪酸，もつものを不飽和脂肪酸という．また，不飽和脂肪酸の中でも，二重結合を一つもつものを**一価不飽和脂肪酸**，二つ以上もつものを**多価不飽和脂肪酸**とよぶ(表4)．

ひとくちメモ
動物性脂肪

リパーゼの作用によって生じた脂肪酸は飽和脂肪酸であれ，不飽和脂肪酸であれ，炭素数が同じであれば，これらに含まれるエネルギー量も同じである．しかし，体内では，飽和脂肪酸のほうが不飽和脂肪酸に比べて分解されにくいと考えられている．したがって，一般に，飽和脂肪酸の含量が高い動物性食品の脂肪は植物性食品のそれに比べて好ましくないといわれる．

表4 脂肪酸の種類

名　称	炭素数と二重結合数	構造式	融点(℃)
飽和脂肪酸			
ミリスチン酸	14：0	$CH_3(CH_2)_{12}COOH$	54
パルミチン酸	16：0	$CH_3(CH_2)_{14}COOH$	63
ステアリン酸	18：0	$CH_3(CH_2)_{16}COOH$	70
不飽和脂肪酸			
オレイン酸	18：1	$CH_3(CH_2)_7CH=CH(CH_2)_7COOH$	13
リノール酸	18：2	$CH_3(CH_2)_4(CH=CHCH_2)_2(CH_2)_6COOH$	－5
α-リノレン酸	18：3	$CH_3CH_2(CH=CHCH_2)_3(CH_2)_6COOH$	－11
アラキドン酸	20：4	$CH_3(CH_2)_4(CH=CHCH_2)_4(CH_2)_2COOH$	－50
(エ)イコサペンタエン酸(EPA)	20：5	$CH_3CH_2(CH=CHCH_2)_5(CH_2)_2COOH$	－54
ドコサヘキサエン酸(DHA)	22：6	$CH_3CH_2(CH=CHCH_2)_6(CH_2)_2COOH$	－44

色の文字は必須脂肪酸を表す．

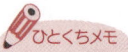

一般に，動物性油脂には飽和脂肪酸が多く含まれ，植物性油脂には不飽和脂肪酸が多く含まれている．不飽和脂肪酸の中には，重要な生理活性物質として機能するプロスタグランジンの体内での合成に必要不可欠なものがある．このような不飽和脂肪酸を必須脂肪酸といい，体内では合成できないために食事からとらなければならない．多価不飽和脂肪酸のリノール酸（$C_{18:2}$），α-リノレン酸（$C_{18:3}$）およびアラキドン酸（$C_{20:4}$）が必須脂肪酸である．ただし，アラキドン酸は体内でリノール酸から合成されるが，乳幼児などでは必須と考えられているので必須脂肪酸に分類されている．最近，血栓予防効果があるとして注目を受けている(エ)イコサペンタエン酸（EPA：$C_{20:5}$）やドコサヘキサエン酸（DHA：$C_{22:6}$）は魚油に多く含まれる多価不飽和脂肪酸で，ともに二重結合が多く含まれているために酸化を受けやすく，過酸化脂質が生じやすい性質をもつ．

食べた油脂は，体の中でリパーゼという酵素によって，グリセロールと脂肪酸に加水分解されて，ともにエネルギー源として利用される．

> **Keyword**　エネルギーは脂質が一番多い！　脂質…9 kcal/g
> 　　　　　　糖質…4 kcal/g，タンパク質…4 kcal/g

ひとくちメモ
脂肪の摂取量

一価不飽和脂肪酸（オレイン酸：$C_{18:1}$）の含量の高い油脂は血中のコレステロールを減らすという研究結果から，「植物性油脂が体によい」と世間ではもてはやされるようになった．いくら体によいといっても，植物性油脂も脂質であり，とりすぎには注意が必要である．近年，日本人の食生活が欧米化し，脂質の摂取量，すなわち脂肪エネルギー比率（1日あたりの総摂取エネルギー量に占める脂肪エネルギーの割合）も増加する傾向にある．このような状況下，動脈硬化性心疾患や大腸がんなど，いわゆる生活習慣病を発症する日本人が増加している．生活習慣病を予防するという観点から，日本人の食事摂取基準（2010年版）では，1～29歳の男女で，脂肪エネルギー比率の目標量を20%以上30%未満とした．

遺伝子の正体は核酸である

親から子へ，子から孫へと形質が受け継がれることを遺伝とよび，形

---

column
リノール酸神話の崩壊，油脂のとりすぎにご用心！

　食用油には，動物性油脂と植物性油脂がある．1960年代半ば，植物性油脂は動物性油脂に比べて，血中のコレステロール値が半分になるという実験結果が出た．これを機に，植物性油脂に多く含まれるリノール酸が一躍脚光を浴びるようになった．その後，日本人の食生活が欧米化し，脂質摂取量が毎年増加するのに相まってリノール酸の摂取量も増加した．

　しかし1990年代に入り，リノール酸は確かにいっときコレステロール値を下げるが，長期間リノール酸を過剰摂取すると，逆に高コレステロール血症になるおそれがあることが判明した．また，リノール酸のとりすぎがきっかけとなって，心筋梗塞，動脈硬化，がん，アレルギーなどが発症するという実験結果も出て，いまではリノール酸神話は完全に崩壊してしまった．

　現在，リノール酸にかわり，オリーブ油に多く含まれるオレイン酸が悪玉コレステロールの値だけを下げるとして注目されている．しかし，一つの脂肪酸に疾病予防の効果を期待するのは，もともと無理がある．近ごろの日本人は一般に脂質をとりすぎているので，質も大事だが，まず量を減らす努力が必要である．

質を伝達する物質のことを**遺伝子**という．

遺伝子の正体は**核酸**である．核酸には2種類ある．**デオキシリボ核酸**(deoxyribonucleic acid: DNA)はタンパク質の合成に必要な情報を与える一方，その情報を次世代に伝える情報伝達物質，すなわち遺伝子本体である．また，**リボ核酸**(ribonucleic acid: RNA)はタンパク質合成にかかわる物質である．

DNAとRNAの構造は，どちらも塩基，五炭糖(炭素数が5個の糖)，リン酸とが結合した**ヌクレオチド**がリン酸を介して多数結合(エステル結合)した高分子化合物である．DNAとRNAとの違いは，一つは糖の構造が異なること(DNAでは2′-デオキシリボース，RNAではリボース)，もう一つは四種類ある塩基のうち一つの塩基(ピリミジン環)が異なること(DNAではチミン，RNAではウラシル)である(表5)．DNAは二本鎖の**二重らせん構造**からできている(図5)が，RNAは一本鎖である．

表5 DNAとRNAの構成成分

	DNA			RNA	
塩基	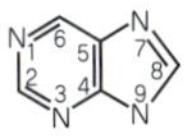 プリン環	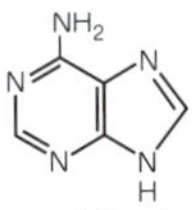 アデニン (A) 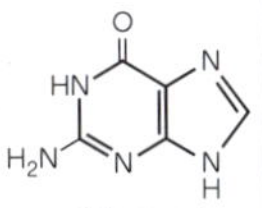	グアニン (G)	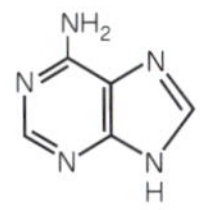 アデニン (A) 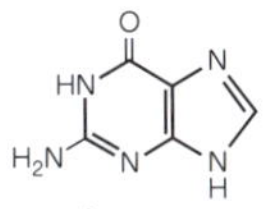	グアニン (G)
	 ピリミジン環	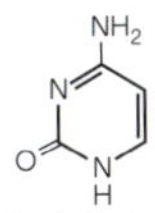 シトシン (C) 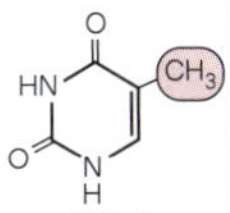	チミン (T)	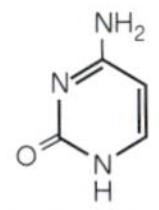 シトシン (C) 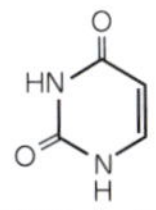	ウラシル (U)
五炭糖		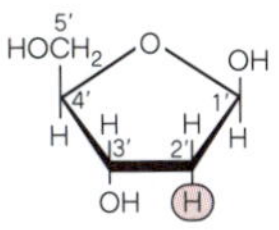 2-デオキシ-β-D-リボース		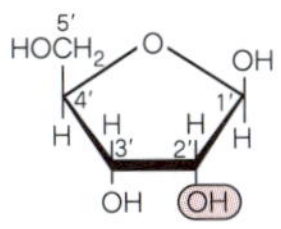 β-D-リボース	
リン酸		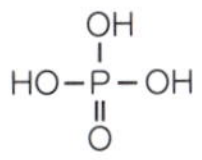 リン酸		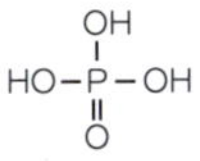 リン酸	

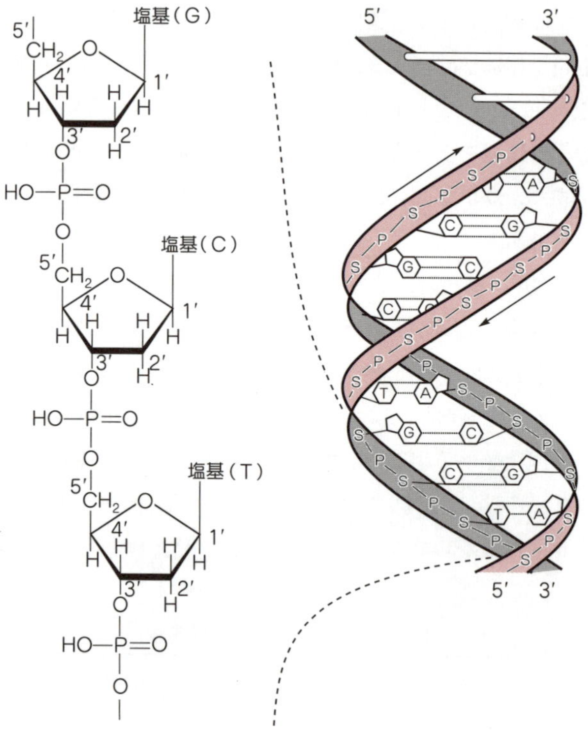

図5　DNA分子の二重らせん構造

> **Keyword**
> DNA：遺伝子本体…アデニン，グアニン，シトシン，チミンの四つの塩基，デオキシリボース，リン酸からできている
> RNA：タンパク質合成にかかわる物質…アデニン，グアニン，シトシン，ウラシルの四つの塩基，リボース，リン酸からできている

ひとくちメモ
二重らせん構造の発見
DNAが右巻きの二重らせん構造から成り立っていることを証明したのはジェームス・ワトソン(アメリカ)とフランシス・クリック(イギリス)である．1953年，彼らはこのことを雑誌ネイチャーに発表し，この発表が評価された結果，1962年ノーベル化学賞を受賞した．

　遺伝子の本体であるDNAが二重らせん構造をとっていることは，DNAの複製を説明できるという点で大きな意味があった．すなわち，DNAのそれぞれの鎖が鋳型となり相補的な鎖をつくることで，まったく同じDNAが二組できることを説明できたのである(図6)．二重らせん構造では，塩基が内側に，糖とリン酸の鎖が外側にあるので，らせん構造は，塩基分子間に生じる水素結合によって維持されることになる．このとき相補的な塩基対は決められており，アデニン(adenine: A)とチミン(thymine: T)，シトシン(cytosine: C)とグアニン(guanine: G)という組

図6 DNAの複製

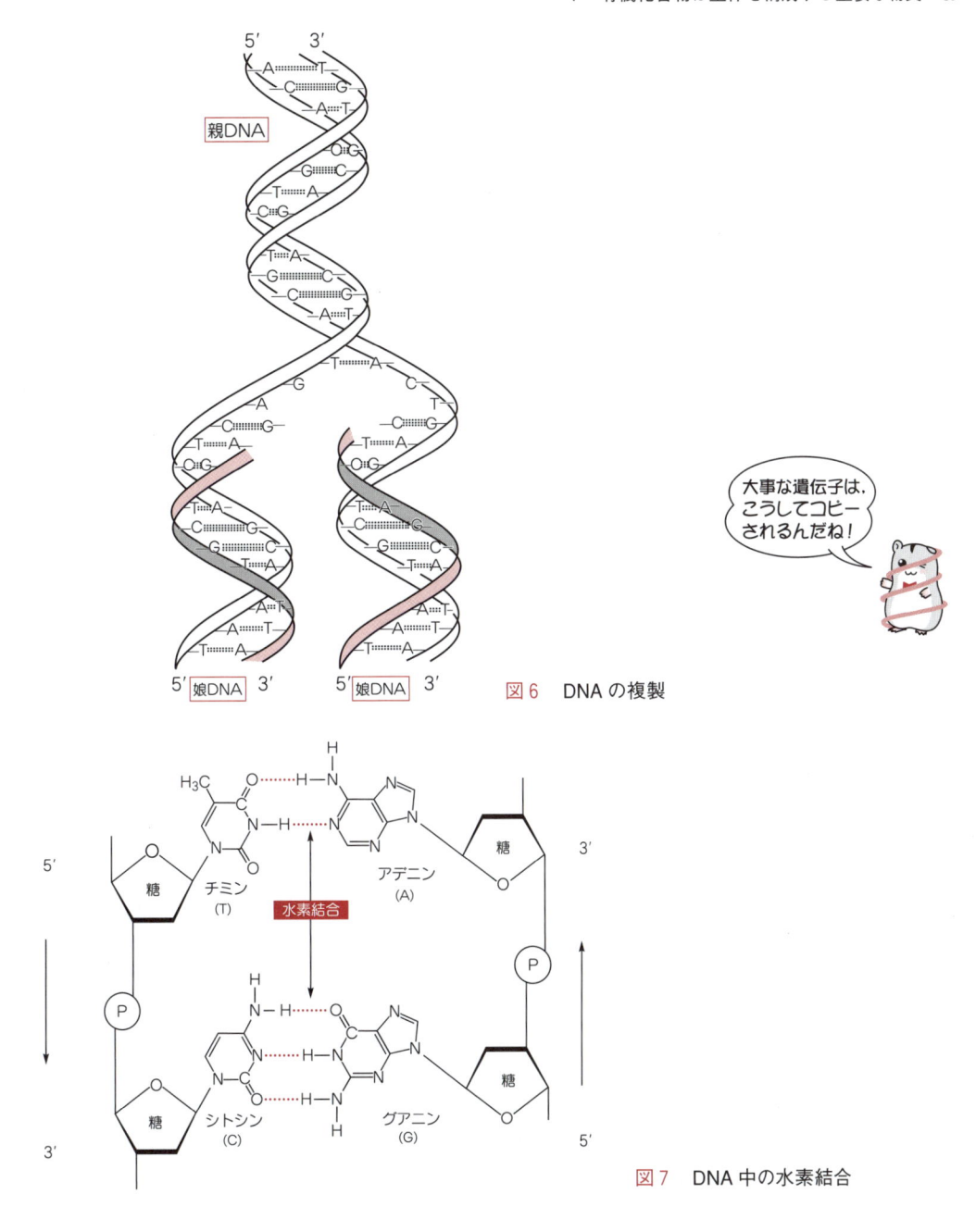

吹き出し: 大事な遺伝子は、こうしてコピーされるんだね！

図7 DNA中の水素結合

合せである（図7）。

タンパク質の性質はアミノ酸の配列で決まる。そのアミノ酸の配列を決定するのが、核酸RNAの塩基配列である。3個の塩基配列が一組（コドン）となり、一つのアミノ酸を決めている（表6）。このしくみは、すべての生物で同じである。

タンパク質の生合成について、簡単に説明しておこう。タンパク質に

表6　mRNAのコドン表（暗号表）

1番目の塩基	2番目の塩基 U	2番目の塩基 C	2番目の塩基 A	2番目の塩基 G	3番目の塩基
U	UUU, UUC フェニルアラニン (Phe) UUA, UUG ロイシン (Leu)	UCU, UCC, UCA, UCG セリン (Ser)	UAU, UAC チロシン (Tyr) UAA, UAG 終止	UGU, UGC システイン (Cys) UGA 終止 UGG トリプトファン (Trp)	U C A G
C	CUU, CUC, CUA, CUG ロイシン (Leu)	CCU, CCC, CCA, CCG プロリン (Pro)	CAU, CAC ヒスチジン (His) CAA, CAG グルタミン (Gln)	CGU, CGC, CGA, CGG アルギニン (Arg)	U C A G
A	AUU, AUC, AUA イソロイシン (Ile) AUG メチオニン 開始 (Met)	ACU, ACC, ACA, ACG トレオニン (Thr)	AAU, AAC アスパラギン (Asn) AAA, AAG リシン (Lys)	AGU, AGC セリン (Ser) AGA, AGG アルギニン (Arg)	U C A G
G	GUU, GUC, GUA, GUG バリン (Val)	GCU, GCC, GCA, GCG アラニン (Ala)	GAU, GAC アスパラギン酸 (Asp) GAA, GAG グルタミン酸 (Glu)	GGU, GGC, GGA, GGG グリシン (Gly)	U C A G

関する全遺伝情報はDNAの塩基配列の中に保持されている．タンパク質が合成される際，まず核内でDNAの全遺伝情報の中から，目的のタンパク質を合成するのに必要な部分だけが伝令RNA（メッセンジャーRNA：mRNA）に写し取られる（**転写**）．合成された伝令RNAはリボソームへ移動し，そこで伝令RNAの情報がアミノ酸への情報として訳される（**翻訳**）．すなわち，伝令RNAの情報に基づいて転移RNA（トランスファーRNA：tRNA）が次つぎとアミノ酸を運んできて，リボソーム上でタンパク質が合成されるのである（図8）．

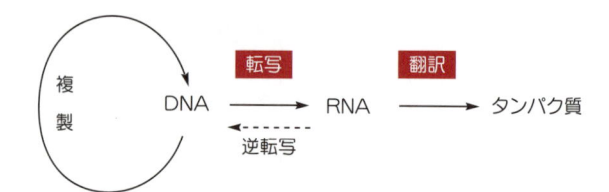

図8　タンパク質の生合成（セントラルドグマ）

2　有機化合物は生命活動を担う重要な物質

私たちの生体内，すなわち細胞内では，いろいろな化学反応が起こっている．このような化学反応はすべて酵素によって調節を受けており，酵素による物質の一連の生体内の化学変化を**代謝**とよんでいる．

酵素のほかに，生体内では，ビタミンやホルモンも生命を維持するために，代謝調節や生理機能に大きく関与している．

生体の中でさまざまな化学反応を触媒する酵素

酵素(enzyme: E)は，特異的なタンパク質である．生体触媒(反応の前後でそれ自身は変化しない物質)として働き，細胞内の化学反応の速度を調節している．触媒には反応速度を速くする正触媒と遅くする負触媒がある．酵素は正触媒として働き，活性化エネルギーを低下させる．すなわち，酵素は反応を進めるために必要なエネルギーを小さくし，反応が進みやすくしている(図9)．酵素が働きかける物質のことを基質(substrate: S)といい，酵素が基質と結合する部分のことを活性部位(活性中心)とよぶ．

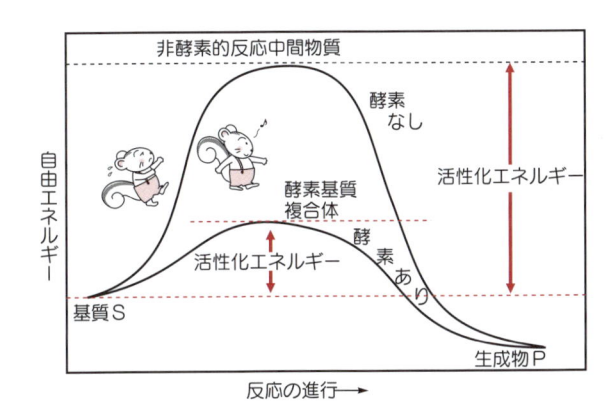

図9 酵素と活性化エネルギー

酵素が働くためには，まず基質に結合して酵素–基質複合体を形成しなければならない．このとき酵素が結合できる基質は決まっており，このことを酵素の基質特異性という．このような基質と酵素との関係を，エミール・フィッシャー(ドイツ)は「鍵(＝基質)と鍵穴(＝酵素)」の関係にたとえた．形成された酵素–基質複合体の中では，基質の活性化エネルギーは低下し，化学変化を受けやすい状態になる．そして，生成物(product: P)ができると同時に酵素は遊離し，次の反応に再び利用される．

$$E + S \longrightarrow ES \longrightarrow E + P$$

酵素反応の速度(酵素活性)はいろいろな因子の影響を受ける．酵素はペプチド鎖の立体構造からできているので，その構造を変えてしまうような条件下では活性が低下する．酵素は酸，アルカリ，熱などによって変性を受け，酵素活性が失われる．このことを失活という．

pH(水素イオン濃度)の変化は，酵素(とくに活性部位にあるアミノ酸側鎖)や基質となる物質の荷電状態に変化をもたらし，酵素活性に影響を及ぼす．酵素活性が最も高いときのpHを最適(至適)pHという(図10)．

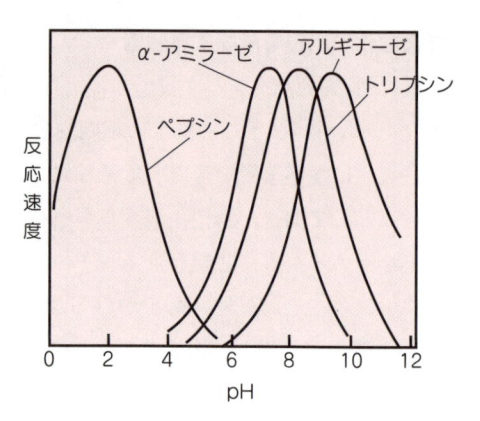

図10 酵素活性のpH依存性

column

上戸と下戸，あなたはどっちのタイプかな？

「上戸と下戸・・・？ ん，何と読むの？ どういう意味かな？」と思ったあなた．実は生まれたときから，あなたがどちらのタイプなのかはすでに決まっている．まず，読み方は，「じょうご」と「げこ」と読み，お酒が強い人のことを上戸，お酒が弱い人のことを下戸とよんでいる．

あなたが「お酒に強いタイプ」なのか，「お酒に弱いタイプ」なのかを簡単に見分ける方法がある．アルコールパッチテストといい，用意するものは，エチルアルコール(消毒用アルコール)，ガーゼ，ばんそうこう(テープ)である．手順を説明すると，次のようになる．

① アルコールをガーゼ($1\,cm^2$)に数滴たらす．
② ガーゼを皮膚が軟らかい場所(腕の内側など)に貼り付けて，10分間待つ．
③ ガーゼをはがし，皮膚の状態を見る．

皮膚が赤くなっていれば，「お酒に弱いタイプ」である．何も変化がなければ「お酒に強いタイプ」である．このアルコールパッチテストは，お酒の分解にかかわるアルデヒド脱水素酵素の活性の強弱を活用したものである．

お酒(エチルアルコール)は，まずアルコール脱水素酵素の働きにより，アセトアルデヒドに変えられる．このアセトアルデヒドは毒性が強く，アルデヒド脱水素酵素によって無毒の酢酸に分解される．アルデヒド脱水素酵素の活性の強さには個人差があり，アルデヒド脱水素酵素の活性が弱い人はアセトアルデヒドの分解速度が遅く，体内にアセトアルデヒドが蓄積しやすい．

このアセトアルデヒドは末梢の血管を拡張する作用があり，「お酒に弱い人」が飲酒すれば，すぐに顔が赤くなるのはこのせいである．この原理を活用したのがアルコールパッチテストである．アセトアルデヒドは末梢血管の拡張，顔面紅潮のほかに，頭痛，悪心，嘔吐などの悪酔いや二日酔いの原因になっている．

今後，飲酒する機会が多くなるでしょう．飲酒する前に，アルコールパッチテストをお試しあれ．まずは自分のタイプを知り，それからお酒を楽しく飲みましょう！

Are you ready? Let's enjoy drinking!

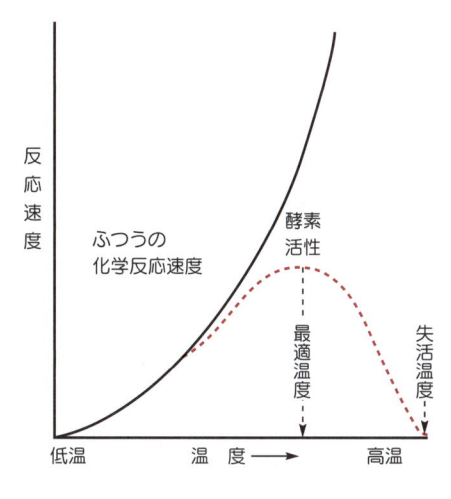

図11 酵素反応速度と温度の関係

　一般に，化学反応は温度が高いほど速く進み，温度が10℃上がると反応速度はおよそ2倍になるといわれている．酵素反応の場合も温度の上昇に伴い，酵素と基質との衝突回数が増えるので，酵素活性も高くなる．最も酵素活性が高いときの温度を**最適(至適)温度**という(図11)．しかし，最適温度を超えると酵素の熱変性がはじまり，最後には失活してしまう．

　酵素は触媒する反応の形態によって6種類に分類される(表7)．

表7　酵素の分類

分　類	触媒する反応と酵素名	反応式
EC 1 酸化還元酵素 (オキシドレダクターゼ)	一つの基質を水素供与体として，もう一つの基質を水素受容体として還元する酸化還元反応．脱水素酵素，酸化酵素，ヒドロキシル基を導入するヒドロキシラーゼ，分子状酵素を導入するオキシゲナーゼなど．	$AH_2 + B \rightarrow A + BH_2$
EC 2 転移酵素 (トランスフェラーゼ)	炭素1個を含む基(メチル基，アルデヒド基，ケトン基)，アミノ基やリン酸基などを転移する反応．トランスアミナーゼ，キナーゼなど．	$AX + B \rightarrow A + BX$
EC 3 加水分解酵素 (ヒドロラーゼ)	C–O, C–N, C–C, P–O などの単結合に水を加えて分解する反応．ペプチダーゼ，エステラーゼ，グリコシダーゼ，ホスファターゼなど．	$AB + H_2O \rightarrow AH + BOH$
EC 4 脱離酵素 (リアーゼ)	基質から非加水分解的にある基が脱離し，二重結合または環形成した生成物を生ずる反応と，この逆反応．逆反応ではC=C, C–O, C=N などに何らかの基を付加する．脱炭酸酵素，アルドラーゼ，デヒドラターゼなど．	$AB \rightarrow A + B$
EC 5 異性化酵素 (イソメラーゼ)	アミノ酸のラセミ化反応や糖のエピマー化反応，シス-トランス変換反応，分子内転移反応．ラセマーゼ，エピメラーゼ，シス-トランスイソメラーゼ，ムターゼなど．	
EC 6 合成酵素 (リガーゼ)	ATPの加水分解によって二つの分子を結合させる反応．RNAリガーゼ(RNA ligase：二つのRNAを結びつける)，カルボキシラーゼなど．	$A + B + ATP \rightarrow$ $AB + ADP + Pi$

> **Keyword**
>
> 酵素：生体触媒
> 最適温度：酵素が最もよく働く温度
> 最適pH：酵素が最もよく働くpH

毎日の生活で使われている酵素

　酵素(微生物)の働きがわかる以前から，私たちは先人の知恵と経験から学び，知らず知らずのうちに暮らしの中で酵素をうまく利用してきた．日本酒，ビール，ワインなどのアルコール発酵による酒造りをはじめ，みそ，しょう油，納豆，漬物などの発酵食品は，すべて微生物による酵素反応に基づいて，古くから生産されてきた．また最近では，医薬品や工業用の中間原料なども酵素を利用して大量生産され，さらには酵素の働きをそのまま利用した洗剤，入浴剤，歯磨き剤などもつくられている．酵素の食品加工への利用例を表8に示す．

表8　食品加工への酵素の利用

酵　素　名	使　用　目　的
α-アミラーゼ	デンプンの液化，水あめの製造
β-アミラーゼ	マルトース(麦芽糖)の製造
アントシアナーゼ	ジャム、果汁の過剰色素の脱色
イヌリナーゼ	イヌリンよりフルクトース(果糖)の製造
インベルターゼ	転化糖の製造
カタラーゼ	牛乳の殺菌に用いた過酸化水素の除去
β-グルカナーゼ	ビールろ過目詰まりの防止
グルコアミラーゼ	グルコース(ブドウ糖)の製造
グルコースイソメラーゼ	異性化糖の製造
セルラーゼ	穀類，野菜，みかんなどの加工品の品質改良
ナリンギナーゼ	みかん果汁の苦味の除去
ヘスペリジナーゼ	みかん缶詰の白濁防止
ペクチナーゼ	果汁の清澄，搾汁率の向上
プロテアーゼ	みそ，しょうゆの製造，肉，チーズの熟成
ラクターゼ	アイスクリームの品質改良
リパーゼ	チーズの熟成
リボヌクレアーゼ	イノシン酸(うま味調味料)の製造
レンニン(キモシン)	チーズの製造

ビタミンって，とっても大切！

ビタミンは，微量で代謝調節をはじめ生理機能の維持に重要な役割を果たしている低分子の有機化合物であり，私たちの生体内ではほとんど合成されない物質である．したがって，ビタミンは食物から摂取しなければならない微量必須栄養素である．

先に話した酵素は「タンパク質だけからできているもの」と「タンパク質と補酵素からできているもの（この場合，タンパク質部分をアポ酵素といい，補酵素を含めた全体をホロ酵素とよぶ．）」とがある．ビタミンが補酵素になっている酵素も多い．

ビタミンは，補酵素として代謝調節に深くかかわっているほか，抗酸化作用，細胞間情報伝達作用などをもつ．

ビタミンは，溶解性の違いによって水溶性ビタミン（B群，C）と脂溶性ビタミン（A，D，E，K）に分類される．水溶性ビタミンは，多量に摂取しても尿中に排泄されるため，過剰症になることはないが，欠乏症には注意が必要である．一方，脂溶性ビタミンは，脂質とともに脂肪組織に蓄積されやすいので，まれに過剰症が現れることがある．日本人の食事摂取基準（2010年版）では，各ビタミンの1日に必要な量と許容上限量が示されている．表9に，脂溶性ビタミンと水溶性ビタミンのおもなものをあげておく．

Keyword

ビタミン ─┬─ 水溶性ビタミン：B群，C
　　　　　└─ 脂溶性ビタミン：A，D，E，K

重要な情報を伝達するホルモン

ホルモンは生体内の内分泌腺によってつくられ，血流に乗って，特定の遠隔の標的細胞（組織，臓器）まで運ばれる．標的細胞には，それぞれのホルモンに対する受容体（レセプター）が備わっており，ホルモンの情報に基づいて細胞内の代謝調節が行われる．ホルモンは，ごく微量で作用するので，ホルモンに対する受容体の親和性は非常に高いものである．

ホルモンは化学構造の違いから，アミン系ホルモン，ペプチド系ホルモン，ステロイド系ホルモンに分類される．表10に代表的なヒトホルモンをあげておく．

表9 ビタミンの種類

	名　称	推奨量または目安量(18〜29歳) 男	女	許容上限摂取量(18〜29歳)	欠　乏　症	過　剰　症	所　在
脂溶性ビタミン	ビタミンA（レチノール）	850μg RE[1]	650μg RE[1]	2,700μg RE[1]	夜盲症, 角膜乾燥症, 発育停止, 角膜軟化症	頭痛, 嘔吐, 骨痛, 複視	魚肝油, 卵黄, バター, 緑黄色野菜
	ビタミンD（カルシフェロール）	5.5μg	5.5μg	50μg	くる病, 骨軟化症	脱力感, 腎結石, 食欲不振	肝油, キノコ類, 酵母（プロビタミン）
	ビタミンE（トコフェロール）	7.0mg α-TE[2]	6.5mg α-TE[2]	男800mg α-TE[2] 女650mg α-TE[2]	老化, 細胞の機能低下		植物油
	ビタミンK（フィロキノン）	75μg	60μg		血液凝固が遅れる	溶血性貧血（新生児）, 嘔吐, ポルフィリン尿症	肝臓, 卵黄, 納豆, 緑黄色野菜, みそ, 腸内細菌によって生合成される
水溶性ビタミン	ビタミンB$_1$（チアミン）	1.4mg	1.1mg		脚気, 神経炎, 浮腫, 心臓肥大, 反射神経異常		胚芽, 豚肉, 酵母, 豆類, 緑黄色野菜
	ビタミンB$_2$（リボフラビン）	1.6mg	1.2mg		口角や舌の裂症, 疲労, 脂漏性皮膚炎, 食欲不振		肝臓, 酵母, 牛乳, 肉類
	ビタミンB$_6$（ピリドキサールなど）	1.4mg	1.1mg	男55mg 女45mg（ピリドキシンとしての量）	脂漏性皮膚炎, 口角症, 舌炎, ペラグラ様皮膚炎		肝臓, 胚芽, 卵黄, 酵母, 肉類, 腸内細菌によって生合成される
	ビタミンB$_{12}$（シアノコバラミン）	2.4μg	2.4μg		巨赤芽球性貧血		肝臓, 腸内細菌によって生合成される
	ナイアシン（ニコチン酸など）	15mg NE[3]	11mg NE[3]	男300mg 女250mg（ニコチンアミドとしての量）	ペラグラ（皮膚炎, 下痢, 認知症の症状が見られる）		肝臓, 肉類, 酵母, 胚芽, 豆類
	葉酸	240μg	240μg	1,300μg	巨赤芽球性貧血, 中枢神経の機能低下		緑葉野菜, 肝臓, 酵母, 米に含まれているため不足せず
	ビオチン	50μg	50μg		皮膚炎（生卵白の過剰摂取者）		酵母, 肝臓, 卵黄, 牛乳, 野菜, 腸内細菌によって生合成される
	パントテン酸	5 mg	5 mg		神経系麻痺, 消化器障害		肝臓, 肉類, 牛乳, 胚芽, 動植物に広く存在
	ビタミンC（アスコルビン酸）	100mg	100mg		壊血病, 免疫能力低下		果実, 野菜, イモ類

1) RE：レチノール当量, 2) α-TE：α-トコフェロール当量
3) NE：ナイアシン当量

表10 代表的なヒトホルモン

内分泌腺		ホルモン	分類	標的器官	作用
視床下部		成長ホルモン放出ホルモン	P	下垂体	成長ホルモンの分泌促進
		甲状腺刺激ホルモン放出ホルモン	P	下垂体	甲状腺刺激ホルモンの分泌促進
		副腎皮質刺激ホルモン放出ホルモン	P	下垂体	副腎皮質刺激ホルモンの分泌促進
		黄体形成ホルモン放出ホルモン	P	下垂体	黄体形成ホルモンの分泌促進
		卵胞刺激ホルモン放出ホルモン	P	下垂体	卵胞刺激ホルモンの分泌促進
脳下垂体	前葉	成長ホルモン(ソマトトロピン)	P	全身，筋肉，骨	タンパク質の合成，骨組織発育
		プロラクチン	P	乳腺，卵巣	乳汁の分泌促進，妊娠の維持
		甲状腺刺激ホルモン	P	甲状腺	甲状腺ホルモンの分泌促進
		黄体形成ホルモン	P	卵巣	排卵と黄体形成
		卵胞刺激ホルモン	P	卵巣	卵胞の発育促進，精子形成
		副腎皮質刺激ホルモン	P	副腎皮質	糖質コルチコイドの分泌
	中葉	メラニン色素細胞刺激ホルモン	P	皮質	皮膚の色素沈着
	後葉	抗利尿ホルモン(バソプレッシン)	P	腎臓尿細管，集合管	水分の再吸収促進，血圧上昇
		オキシトシン	P	乳腺，子宮	出産，乳汁分泌促進
甲状腺		甲状腺ホルモン(T_3，トリヨードチロニン)	A	全身	成長ホルモンの分泌促進
		（T_4，チロキシン）	A	全身	T_3 の前駆体
		カルシトニン	P	全身	骨へのカルシウムやリンの取込み促進
副甲状腺 上皮小体		副甲状腺ホルモン(PTH，パラトルモン)	P	骨，腎臓	活性型ビタミンDの合成促進，カルシウムの腸管吸収促進
膵臓		インスリン	P	肝，筋肉，脂肪組織	グリコーゲン，脂肪の合成促進
		グルカゴン	P	肝，脂肪組織	〃　　　　分解促進
副腎	皮質	グルココルチコイド(コルチゾール)	S	全身	糖質代謝調節
		ミネラルコルチコイド(アルドステロン)	S	腎臓尿細管	ミネラル代謝調節
	髄質	カテコールアミン	A	循環器系，肝臓，筋肉	糖質代謝促進，循環機能増大
性腺	卵巣	卵胞ホルモン(エストロゲン)	S	全身	第二次性徴の発現
		黄体ホルモン(プロゲステロン)	S	子宮内膜	黄体形成，妊娠維持
	精巣	テストステロン	S	全身	性徴発現，精子形成，タンパク質合成

A：アミン系ホルモン，P：ペプチド系ホルモン，S：ステロイド系ホルモン．

内分泌撹乱化学物質

内分泌撹乱化学物質(外因性内分泌撹乱化学物質)は，日本では，しばしば環境ホルモン(日本でつくられた造語)とよばれる．内分泌撹乱化学物質は，「環境中に見いだされ，ホルモンに似た作用を示す人工の化学物質」である．これは，体内で本物のホルモンのようにふるまい，内分泌系を撹乱し，生物の生理機能(生殖，発育障害)に重大な影響を及ぼすとされている(表11，表12)．現在，日本では，70種の化学物質が内分泌撹乱化学物質として疑われているが，アメリカでは，15,000種にも上る化学物質が調査対象となっている(表13)．

表11 報告された野生生物への内分泌攪乱化学物質の影響

	生物	場所	影響	推定される原因
貝類・魚類	イボニシ	日本の海岸	雄性化，個体数の減少	有機スズ化合物
	ニジマス	イギリスの河川	雌性化，個体数の減少	ノニルフェノール*
	ローチ(鯉の一種)	イギリスの河川	雌雄同体化	ノニルフェノール*
	サケ	アメリカ五大湖	甲状腺過形成，個体数の減少	不明
は虫類・鳥類	ワニ	アメリカフロリダ州の湖	オスのペニスの矮小化 卵の孵化率低下 個体数減少	湖内に流入したDDTなど有機塩素系農薬
	カモメ	アメリカ五大湖	雌性化，甲状腺腫瘍	DDT, PCB*
	メリケンアジサシ	アメリカミシガン湖	卵の孵化率の低下	DDT, PCB*
哺乳類	アザラシ	オランダ	個体数の減少，免疫機能の低下	PCB
	シロイルカ	カナダ	個体数の減少，免疫機能の低下	PCB
	ピューマ	アメリカ	精巣停留，精子数減少	不明
	ヒツジ(1940年代)	オーストラリア	死産の多発，奇形の発生	植物エストロゲン（クローバ由来）

＊断定はされていない．
環境庁，外因性内分泌攪乱化学物質問題に関する研究班中間報告書(1997)抜粋引用．

表12 推測される人体への内分泌攪乱化学物質の影響

人体への影響	症　状
精子への影響	精子数の減少，精子の運動率の低下，精子の奇形率の増加
子宮への影響	子宮内膜症，不妊症
がん	精巣がん，前立腺がん，乳がん，子宮体がん，卵巣がん
免疫異常	自己免疫疾患，アレルギー
先天異常	尿道下裂，停留睾丸，小陰茎，精液の異常
発育障害	性的早熟
神経系への影響	生殖行動の異常，発達障害(脳など)，性機能障害，情緒障害

表13 内分泌攪乱化学物質として疑われる物質

内分泌攪乱作用が予想される物質	規　制　物　質
アルキルフェノール	アルキルフェノール
アルキルフェノールエトキシレート類	アルキルフェノールエトキシレート類
ビスフェノールA	DDT(p, p'-ジクロロジフェニルトリクロロエタン)
ダイオキシン類	ノニルフェノール類／エトキシレート類
DDTおよびその代謝物	オクチルフェノール類／エトキシレート類
DEHP(フタル酸ジ-2-エチルヘキシル)	PCB(ポリ塩素化ビフェニル)
フタル酸エステル	トリブチルスズ
トリブチルスズ	ビンクロゾリン
塩素系炭化水素類	
有機金属	
植物エストロゲン	

column

自分の体は自分で守ろう！　経口避妊薬，ピル

1999年9月，ようやく日本でも飲むだけで避妊ができるピルが発売された．そもそもピルって何だろう？　どうしてピルを飲むだけで避妊ができるの？　実は，ピルは排卵を抑えることで，避妊を可能にしている．それでは排卵を抑えるためには，どうすればよいのだろうか？　そのヒントとなったのが，妊娠中の女性である．妊娠中の女性は女性ホルモンのエストロゲン（卵胞ホルモン）とプロゲステロン（黄体ホルモン）の分泌量が通常より増え，排卵が起こらない．そこで，この二つの女性ホルモンを体内で自由にコントロールできれば，排卵自体をコントロールできるのではないかという発想からピルが生まれた．したがって，ピルの成分はこの二つの女性ホルモンである．ただし，服用したときにピルが体内で消化されては困るので，エストロゲンのかわりにエチニルエストラジオール，プロゲステロンのかわりにプロゲストーゲンという本物のホルモンと構造がきわめて似た2種類の合成ホルモンから成る．

ピルの避妊効果をコンドームの場合と比較すると，100人の女性が1年間で避妊に失敗して妊娠する割合は，ピルの場合で0.1〜5人に対して，コンドームでは3〜14人と高く，ピルがきわめて高い避妊法であることがわかる．参考までにピルには緊急避妊法という使用法があるので紹介しておこう．セックスをして望まない妊娠が疑われる場合，性交後，72時間以内に決められた量のピルを飲めば，いらぬ妊娠が回避できる．

ピルは医師の処方せんが必要な医薬品であり，医師の診察を受けなければ服用できない．また，初めからピルを服用できない人や服用できる人でも安全性，危険性，副作用などについて，しっかりと理解したうえでピルを使用すべきである．

まだまだ，日本ではピルの認知度は低く，使用者も少ないが，ピルは日本を除く世界中で約40年近く使用されており，いまも9000万人を超える女性が使用しているといわれる．将来，あなたのライフスタイルに合わせて，ピルを上手に活用してみてはいかがですか？　避妊は男性に頼るのではなく，自分の体は自分で守ろう！

章末問題

1　三大栄養素とは何か？　また，各栄養素の体内での役割について説明せよ．

2　体タンパク質を構成するアミノ酸は何種類あるか？　また，そのうち必須アミノ酸は何種類あるか？　それらの名称をすべてあげよ．

3　必須脂肪酸は何種類あるか？　それらの名称をすべてあげよ．

4　子は親に似ているが，それはなぜか？

5 酵素とは何か？

6 水溶性ビタミンは毎日，摂取しなければならないが，脂溶性ビタミンはそうではない．この理由を説明せよ．

7 環境ホルモンとは日本でつくられた造語であるが，正式な名称を答えよ．また，私たちの体への環境ホルモンの影響について述べよ．

8 食品中の無機化合物とその働き

1 食品・栄養の分野で重要なミネラル

ミネラルってなに？

ミネラルは五大栄養素の一つであり，その必要量は微量であるが，健康を維持するために欠かすことのできないものである．一般にミネラルとは，ヒトの体内に存在する元素のうち，炭素Cや水素H，酸素O，窒素Nをのぞいた無機物質のことをいい，その中でも，生体に欠かすことができないミネラルを必須ミネラルという．

必須ミネラルには，カルシウムCa，リンP，マグネシウムMg，ナトリウムNa，カリウムK，塩素Clなど比較的必要量の多い多量元素と，鉄Fe，亜鉛Zn，銅Cu，マンガンMn，コバルトCo，モリブデンMo，セレンSe，ヨウ素I，クロムCrなど必要量の少ない微量元素がある．

> **ひとくちメモ**
> **ミネラル**
>
> ミネラルは英語で「鉱物」の意味であるが，ミネラルという言葉は栄養学分野では，無機質の総称として使われている．骨づくりに欠かせないカルシウム(Ca)や貧血のときに摂取する鉄(Fe)などがミネラルである．ミネラルは鉱物として存在する単一の成分であるから，すべて元素記号で表される．ミネラルの中でも亜鉛や銅などはさまざまな中毒症状を引き起こす可能性がある．しかしながら，私たちは体内にこれらの物質をごく少量もっていて，体を円滑に維持するために使っているのである．

Keyword
必須ミネラル
　　多量元素－Ca, P, Mg, Na, K, Cl
　　微量元素－Fe, Zn, Cu, Mn, Co, Mo, Se, I, Cr

体内に存在する水，タンパク質，脂質，炭水化物などの有機化合物に比べると，ミネラルの占める割合は非常に少ない（表1）．ミネラルは体内で合成することができないので，食物から摂取しなければならない．摂取量が不足すると，欠乏症が起こり，さまざまな病気を引き起こすことになる．ミネラルは，わずかな量で体内の重要な役割を果たしている．

ひとくちメモ
ミネラルウォーター

ミネラルが豊富に含まれていることから,市販のミネラルウオーターを愛飲している人が増加している.カルシウムが少し多く含まれているため,飲むとおいしく感じられるが,ほとんどの日本産の市販品のミネラル含有量は水道水とあまり変わらない.ヨーロッパ産の中には,少しミネラルが多いものもある.

表1 主要ミネラルの体内分布

多量元素名	%	g/体重 65kg	微量元素名	%	g/体重 65kg
カルシウム(Ca)	1.5〜2.2	975〜1430	鉄(Fe)	0.006	3.9
リン(P)	0.8〜1.2	520〜 780	亜鉛(Zn)	0.0033	2.2
イオウ(S)	0.2	130	銅(Cu)	0.00010	0.065
カリウム(K)	0.2	130	ヨウ素(I)	0.00002	0.0013
ナトリウム(Na)	0.14	91	マンガン(Mn)	0.00002	0.0013
塩素(クロール)(Cl)	0.12	78	モリブデン(Mo)	0.00001	0.00065
マグネシウム(Mg)	0.027	17.6	クロム(Cr)	0.000003	0.000195

体の働きを助けるミネラル

代謝とは,食物の消化,吸収,老廃物の排泄,エネルギー生産など,生命活動に必要なあらゆる化学反応のことであるが,ミネラルは,酵素と結びついてこの代謝を助けている.代謝の主役は酵素であるが,この酵素を活性化させているのがミネラルであり,ミネラルがなければ,酵素による代謝はストップしてしまう.このような働きはビタミンと似ているが,ミネラルの場合は相互にバランスをとりながら代謝を助けている点がビタミンと大きく異なる.以下にも述べるが,カルシウムとマグネシウム,ナトリウムとカリウムのように,ミネラルは体内で一定のバランスを保ちながら働いている.また,脂溶性ビタミンと同様に,ミネラルはとりすぎると中毒症や過剰症を引き起こす.したがって,ミネラルは体内で不足しても過剰になっても健康に影響するので注意が必要である.

column

ミネラル発見の歴史

ミネラルの歴史は古い.三大栄養素(炭化水素・タンパク質・脂質)とミネラル(元素)の存在は,19世紀までには明らかになっていた.なかにはその存在だけでなく,生物に対する生理作用が明らかになったものもあった.

貧血は紀元前から人々に知られた病気であるが,18世紀になると,原因が鉄の欠乏にあることがわかった.甲状腺腫という病気も紀元前から知られていたが,19世紀になりスイスの医師コインデットによって,ヨウ素の欠乏症であることがわかった.また,スティンボックにより銅は貧血に関係し,一方ヘスによって亜鉛が酵素に必要な元素であることもわかった.いろいろな病気との関係を調べていくにつれて,20世紀に入ってからさまざまな元素の必要性が明らかになってきたのである.

研究者	事項
マッカラム	カルシウムの必須性の提唱(1908)
オズボーンとメンデル	リンの必須性の提唱(1918)
ヘス	亜鉛の必須性の提唱(1921)
スティンボック	銅の必須性の提唱(1925)
エルビエム	マンガンの必須性の提唱(1931)
ウェスターフェルド	モリブデンの必須性の提唱(1953)

2 食品中のミネラルとその働き

カルシウム　Ca　　　　　　　　　　　　　　　　₂₀Ca

　カルシウムといえば，まず骨を思い浮かべるだろう．体内に存在するカルシウムの99％は骨や歯に含まれている（図1）．これらのカルシウムを**貯蔵カルシウム**といい，血液や体液中にイオンとして存在する残り1％ほどのカルシウムを**機能性カルシウム**という．

　血液中の機能性カルシウムが少なくなると，骨の中に貯蔵されていた貯蔵カルシウムが血液や筋肉に放出され，その結果として，骨がもろくなる．長期間カルシウム不足が続くと骨軟化症や**骨粗鬆症**が起こる．

　また，カルシウムは筋肉の収縮や血液凝固にも関係があり，高血圧や動脈硬化を引き起こす原因にもなる．さらに，神経伝達のうえでも大きな影響があり，神経を興奮させたり，緩和させたりする働きがある．また，カルシウムの不足は精神的にイライラしたり，怒りっぽくなったりする原因にもなる．これらの働きにはマグネシウムとのバランスが関係しており，マグネシウムが不足すると，細胞内のカルシウムの量が増加し，筋肉の収縮がスムーズに行われなくなる．

　カルシウムはご飯や麺類，イモ類などの炭水化物と一緒に食べると，吸収率がアップする．たとえば，焼き魚の場合，ご飯やみそ汁と一緒に食べれば，より効率よくカルシウムを吸収することができる．

> **ひとくちメモ　カルシウムの効能**
> 現代人に，最も不足しているといわれるミネラルがカルシウムである．カルシウムが不足すると骨粗鬆症や高血圧，動脈硬化のほか，イライラの原因となる．カルシウムには①骨質化することにより丈夫な歯や骨をつくる，②心臓の動きや血液状態を正常にし高血圧や動脈硬化を予防する，③緊張や興奮を緩和し，イライラを解消するなどの効能がある．

> **ひとくちメモ　ビタミンDとカルシウム**
> カルシウムは腸で吸収される．このときカルシウムの吸収を促すのが活性型ビタミンDである．さらに，ビタミンDは血液中のカルシウムが不足すると，骨から血液へカルシウムを放出するよう働きかけるのである．

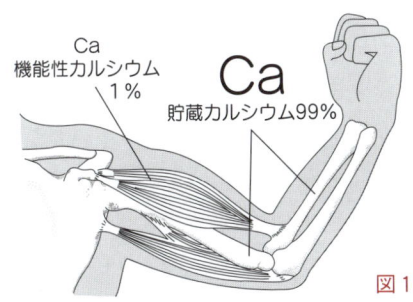

図1　カルシウムは骨の主成分

マグネシウム　Mg　　　　　　　　　　　　　　　　₁₂Mg

　マグネシウムの働きは心臓などの循環器系と深くかかわっていて，欠乏すると体内のカルシウム濃度が高くなり，その結果として，狭心症や心筋梗塞，脳卒中を引き起こす原因となる．

　前述したように，カルシウムとマグネシウムは，精神面での健康を保つために不可欠なミネラルであり，そのバランスが大切である．両者は**抗ストレスミネラル**とよばれている．最近の研究結果によると，カルシウムとマグネシウムとの摂取比率は2対1の割合がよいとされている．

　アルコールを多量に飲むと，体内の血中濃度が上昇するため，尿中の

> **ひとくちメモ　マグネシウムの効能**
> マグネシウムは，狭心症や心筋梗塞などと深い関係がある．カルシウムとバランスよく摂取することが大切である．マグネシウムには①細胞内のカルシウム量の増加を防ぎ，循環器を丈夫にする，②筋肉の収縮を円滑にして，筋肉痛を緩和する，③精神のイライラを和らげ，安定した精神状態を維持するなどの効能がある．

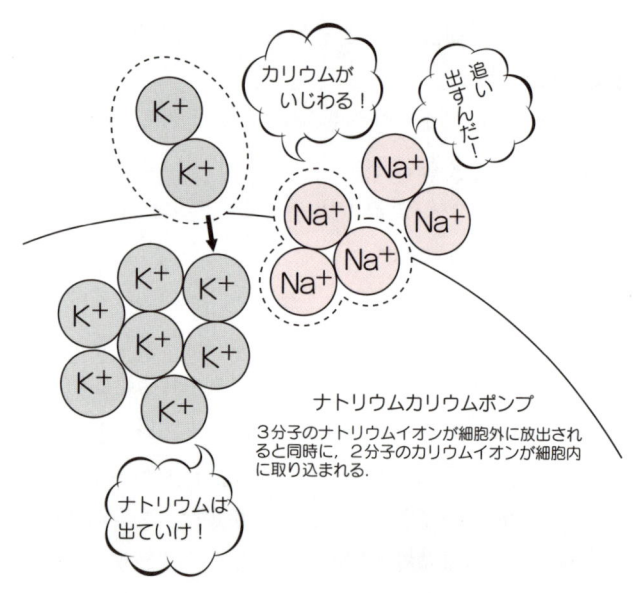

図2　カリウムはナトリウムの濃度を調節する

マグネシウムの排泄量が増加し，マグネシウム不足となる．飲酒の際には，マグネシウムを豊富に含む豆類，海藻類，緑黄色野菜を一緒に食べるとよい．

カリウム　K　　　　　　　　　　　　　19K

　ヒトの体内では，細胞内にカリウムが，細胞外液にナトリウムが多く存在し，イオンバランスを保っている．この調節を担っているのがナトリウムカリウムポンプ(図2)である．ナトリウムカリウムポンプは細胞内に入り込んだナトリウムを常にくみ出し，代わりにカリウムを取り入れている．ナトリウムが細胞内に過剰に入り込むとバランスが崩れ，高血圧を起こしてしまうのである．細胞内にカリウムが十分量存在していれば，余分なナトリウムを細胞外にくみ出し，血管の状態を正常に保つことができる．

　またカリウム不足によりナトリウムが細胞内で増加すると，心臓や筋肉の働きに影響を及ぼす．ふつう心臓や筋肉の細胞内には，ナトリウムはほとんど存在しないが，ナトリウムの過剰摂取やカリウム不足により，細胞内にナトリウムが増えると，結果として心筋が正常に働かなくなり，不整脈や心伝導障害を引き起こす．

リン　P　　　　　　　　　　　　　　15P

　生体中のリンは，80％がリン酸カルシウムとして骨や歯に存在し，カ

ひとくちメモ　カリウムの効能

カリウムは，ナトリウムと相互に作用して，血圧を下げ，神経の刺激伝達を正常に保つ働きがある．カリウムは，野菜や果物に多く含まれる．カリウムには，①細胞内の余分なナトリウムを排出し，血圧を正常にする，②心臓の動きを正常にするなどの効能がある．

ひとくちメモ　リンの効能

カルシウムの次に体内存在量の多いのがリンである．骨や歯の構成要素として欠かすことのできないミネラルであるが，最近は過剰摂取が問題となっている．リンには，①骨の中にリン酸カルシウムとして存在し，丈夫な骨や歯をつくる，②ナイアシンの吸収を促進し，疲れを取り去るなどの効能がある．

ルシウムとともに丈夫な歯や骨をつくりだす役目を担っている．リンの欠乏は，くる病(発育期の幼児)や骨軟化症(成人)などの骨の疾患を招く．リンは動物性食品にも植物性食品にも含まれているほか，加工食品の添加物としても使用されているので，通常の食生活を行っていれば摂取不足ということは起こりにくく，むしろ過剰に摂取している傾向がある．

リンが血中に過剰に存在すると，骨に貯蔵されているカルシウムがバランスをとろうとして血中に放出されカルシウム不足となる．リンは，骨や歯の形成に不可欠なミネラルであるが，摂取量には注意が必要である．

また，リンは骨や歯以外に神経や筋肉にも存在し，脳をはじめとする神経の伝達，腎臓や心臓の働きなどにも関与している．さらに，リンは遺伝子の主要構成成分であるとともに，エネルギーを蓄える物質であるアデノシン三リン酸(ATP)の成分として，エネルギーの生産にも不可欠な元素である．

column

ミネラルを豊富に含む食品

カルシウム：煮干し，うるめいわし丸干し，ひじき，パルメザンチーズ，ごま，牛乳

カリウム：ピスタチオ，めざしの煮干し，いわしの煮干し，バナナ，とうもろこし

リン：めざしの煮干し，プロセスチーズ，ごま，いわし，そば

鉄：水前寺のり，ひじき，めざしの煮干し，豚レバー，ほうれん草

亜鉛：かき，牛肉，鶏肉，豚肉，卵

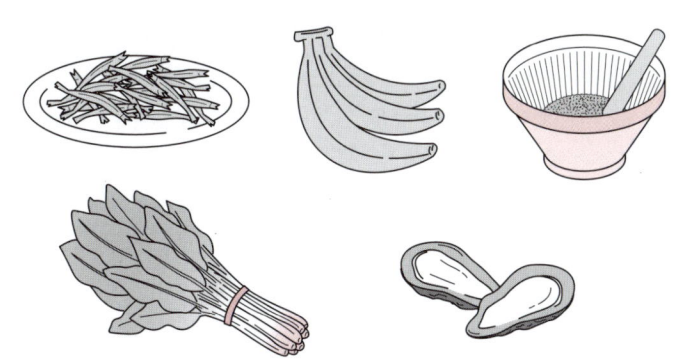

> **Keyword**
> Ca ：骨や歯（貯蔵カルシウム），血液や体液中（機能性カルシウム）
> Mg ：Caとともに　抗ストレスミネラル
> K ：ナトリウムとともに　ナトリウムカリウムポンプ
> P ：Caとともに　リン酸カルシウムとして骨や歯を形成

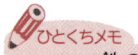

鉄 Fe　　　　　　　　　　　　　　　　　　　$_{26}$Fe

　生体中の鉄は，その60～70％が血液中のヘモグロビンという色素タンパク質の中にヘム鉄という形で含まれている．このヘム鉄を機能鉄とよび，残り20～30％の鉄は貯蔵鉄として，肝臓や骨髄，脾臓に貯蔵されている．

　血液中に存在する機能鉄は酸素と結合し，体内の各組織に酸素を運んでいる．血液中の鉄が不足すると，十分に酸素を供給することができなくなり，内臓にため込まれた貯蔵鉄が不足分を補うために放出される．この貯蔵鉄も不足すると鉄欠乏性貧血が起こる．

亜鉛 Zn　　　　　　　　　　　　　　　　　　$_{30}$Zn

　私たちの体の中では，体内に存在する何千種類もの酵素が，さまざまな代謝に関与している．亜鉛は酵素が活性化するために不可欠なミネラルであり，亜鉛によって活性化する酵素の数は，約300種類もある．これらの酵素は，タンパク質の合成，免疫システムへの関与，インスリンをはじめとするホルモン分泌などに関係している．

　とくに亜鉛はタンパク質の合成と大きな関係があり，不足すると細胞分裂を正常に行うことができなくなる．その結果として，皮膚炎や脱毛，爪の異常，味覚異常などの症状が現れる．

その他のミネラル　　　　$_{11}$Na　$_{24}$Cr　$_{25}$Mn　$_{27}$Co
　　　　　　　　　　　　　$_{29}$Cu　$_{34}$Se　$_{42}$Mo　$_{53}$I

　先に述べた6種類のミネラルのほかにも，生命活動に必要なミネラルがある．それらの特徴について，以下に簡単に述べる．

　ナトリウムNaは，カリウムと拮抗して，神経伝達を行ったり，カルシウムをはじめとするほかのミネラルが血液中に溶けるのを助ける働きがある．ところで，摂取不足が問題になっているミネラルの中で，ナトリウムは逆にとりすぎが問題になっている．ナトリウムの過剰摂取は高

ひとくちメモ
鉄の効能
女性に多い貧血の原因は，鉄分の摂取不足である．鉄はビタミンCやタンパク質と一緒に摂取すると吸収が高まる．鉄には①全身に酸素を供給して，貧血を予防する，②免疫力を高め，粘膜を丈夫にするなどの効能がある．

ひとくちメモ
鉄欠乏性貧血
鉄欠乏性貧血が起こると，動悸，息切れ，食欲不振，疲労のほか，肌から赤みが消え顔色が悪くなる．また，免疫力も低下するので，口角炎や舌炎など粘膜にも異常が起こる．

ひとくちメモ
亜鉛の効能
亜鉛は，酵素の活性化，免疫システムへの関与，細胞分裂など，ヒトのさまざまな生命維持活動に関係しているので，亜鉛の摂取不足は深刻な症状を引き起こす．亜鉛には，①タンパク質を合成し，胎児の成長を正常にする，②第二次性徴を助け，性機能の発育を高める，③活性酸素の働きを抑制し，がんや老化を予防する，④味覚を正常に保つなどの効能がある．

血圧の原因となる．クロム(Cr)は，インスリンと結びついて血糖値を下げる役割を担っている．マンガン(Mn)は酵素の構成成分としてだけでなく，酵素の活性化にも役立っている．生殖機能にも関係があり，不足すると生殖機能が低下する．コバルト(Co)はビタミンB_{12}の補因子として存在している．不足すると悪性貧血，筋力低下などの症状が現れる．銅(Cu)はヘモグロビンと鉄の結合を手助けする．活性酸素を退治する酵素の構成成分にもなっている．セレン(Se)は抗酸化酵素の構成成分になっている．がんの抑制効果もあり，現在最も注目されているミネラ

表2　必須ミネラルの特徴

元素名 (元素記号)	機能	分布	欠乏症状
カルシウム(Ca)	骨代謝，血液凝固因子，神経伝達物質の刺激	生体構成成分(骨・歯)，血漿(4.5～5.7mEq/l)	低カルシウム血症，骨粗鬆症
鉄(Fe)	ヘモグロビンやシトクロムの活性中心，酸化還元酵素	フェリチン(ヘモジデリン)，赤血球，ミオグロビン	鉄欠乏性貧血，低色素性貧血，潜在性貧血
リン(P)	骨代謝，生体機能の調節	細胞内液，生体構成成分(骨・歯)，生体膜，高エネルギー化合物	—
マグネシウム(Mg)	骨代謝，酵素の活性因子，中枢神経抑制，骨格筋弛緩	骨，筋肉，神経組織，脳，血漿(1.6～2.5mEq/l)	心機能障害
ナトリウム(Na)	酸塩基平衡，能動輸送	細胞外液(血漿中330mg/dl・間質)，骨	アジソン病
塩素(Cl)	酸塩基平衡，浸透圧の調節	細胞外液	低クロール血症(激しい嘔吐などの後)
カリウム(K)	酸塩基平衡，浸透圧の調節，水分保持	細胞内液，血漿(3.5～4.5mEq/l)	低カリウム血症，心筋に影響，高血圧症
銅(Cu)	ヘモグロビン合成，シトクロムオキシダーゼの活性化因子	モノアミンオキシダーゼ,チロシナーゼ,セルロプラスミン,スーパーオキシドジムスターゼ(SOD)など	貧血，毛髪異常，骨異常，動脈異常，脳障害
ヨウ素(I)	細胞酸化過程，発育促進	甲状腺ホルモン(チロキシン：T_4，トリヨードチロニン：T_3)	甲状腺腫，甲状腺機能低下症，クレチン病
マンガン(Mn)	酸化物リン酸化，脂肪酸代謝，タンパク・ムコ多糖・コレステロール合成，多くの酵素活性化	ピルビン酸カルボキシラーゼ，アルギナーゼ	成長遅延，骨異常，生殖機能異常
セレン(Se)	細胞内過酸化物の分解，グルタチオン酸化，発がん抑制作用	グルタチオンペルオキシダーゼ，シトクロム(筋)，水銀毒性拮抗	克山症，カシン・ベック病，肝壊死(ラット)，白筋病(仔ヒツジ)
亜鉛(Zn)	細胞分裂，核酸代謝，タンパク質合成各種酵素補助因子	炭酸脱水素酵素，ペプチダーゼ，アルコール脱水素酵素，アルカリホスファターゼ，ポリメラーゼなど	生殖機能異常，成長障害，味覚低下，免疫能低下，創傷治療遅延
クロム(Cr^{3+})	糖代謝—インスリン膜作用仲介，脂質代謝	耐糖因子(GTF)	耐糖能低下，動脈硬化症
モリブデン(Mo)	キサンチン・ヒポキサンチン代謝	フラビン酵素(キサンチンオキシダーゼ，アルデヒドオキシダーゼなど)	成長遅延

資料：和田　攻，第一回輸液・微量栄養素研究会9，509，1987．
　　　健康・栄養情報研究会編，第六次改定日本人の栄養所要量—食事摂取基準—，第一出版(1999)．

ルである．モリブデン(Mo)は酸化酵素の必須成分である．過剰に摂取すると銅の排出を促進して銅欠乏症を引き起こす．ヨウ素(I)は甲状腺ホルモンの原料である．不足しても，過剰になっても甲状腺腫を引き起こす．以下，必須ミネラルの特徴を表2に示しておく．

> **Keyword**
> Cr ：インスリンと結合して血糖値を下げる
> Mn ：酵素の構成成分．酵素の活性化，生殖機能の正常化
> Co ：ビタミン B_{12} の補因子
> Cu ：ヘモグロビンと鉄の結合の手助け
> Se ：抗酸化酵素の構成成分
> Mo ：酸化酵素の必須成分
> I ：甲状腺ホルモンの原料

章末問題

次の元素記号にあてはまる名称および体内での働きを解答群A, Bから選べ．

　　　　Ca　Co　Cr　Cu　Fe　I　K　Mg　Mo　Mn　Na　P　Se　Zn

【解答群A】
①亜鉛　②カルシウム　③クロム　④コバルト　⑤セレン　⑥鉄　⑦銅　⑧ナトリウム　⑨マグネシウム　⑩マンガン　⑪モリブデン　⑫ヨウ素　⑬リン　⑭カリウム

【解答群B】
①甲状腺ホルモンの成分である．　②酸化酵素の必須成分である．　③抗酸化酵素の構成成分であり，がんの抑制効果もある．　④遺伝子の主要構成物質である．　⑤ビタミン B_{12} の補因子として働く．　⑥ヘモグロビンと鉄の結合を助ける．　⑦ヘモグロビンの中に含まれる．　⑧免疫システム，インスリンなどホルモンの分泌に関与している．　⑨骨の主要成分である．　⑩インスリンと結びついて血糖値を下げる．　⑪心臓などの循環器機能と深くかかわっている．　⑫過剰にとると高血圧を起こす．　⑬酵素の活性化や生殖機能に関係している．　⑭ナトリウムの体内濃度の調節に関与している．

付　録

１．実験器具

●一般的なガラス器具類

ビーカー　　試験管　　三角フラスコ　　ナス型フラスコ　　分解フラスコ（ケールダール）

試薬びん　　秤量びん　　吸引びん　　ロート　　分液ロート

シャーレ　　デシケーター　　スポイド　　温度計　　撹拌棒

●測容器具類

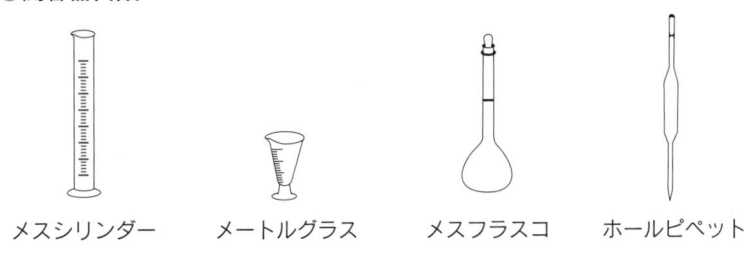

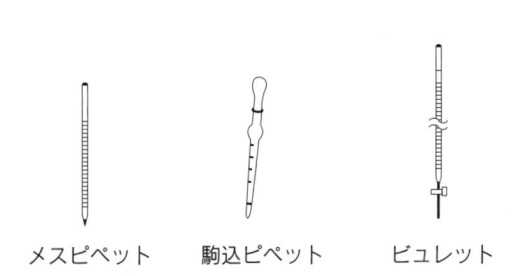

メスシリンダー　　メートルグラス　　メスフラスコ　　ホールピペット

メスピペット　　駒込ピペット　　ビュレット

110 付録

● ガラス製以外の一般的な器具

| るつぼ |  蒸発皿 |  乳鉢と乳棒 |  ブフナーロート | 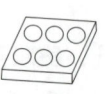 反応板（色見皿） |

| 三角架 | 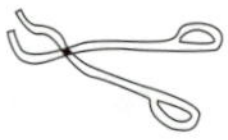 るつぼばさみ |  試験管ばさみ | 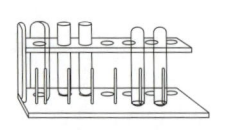 試験管立て |

| ガスバーナー |  三脚 | 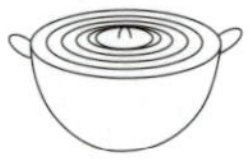 湯せん器（ウォーターバス） | 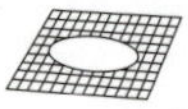 セラミック付金網 |

| ビュレット台 |  スタンドとその付属品 | 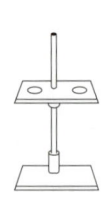 ロート台 |  薬さじ |

| ピンセット |  アスピレーター |  洗びん |  洗浄用ブラシ |

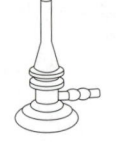

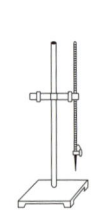

2. 実験の基本操作
●撹拌（混合，溶解）

溶液や試料を均一にするために混合，溶解する操作を撹拌という．また，化学反応の温度変化などを一様にするためにも必要な操作である．連続的な撹拌にはマグネチックスターラーがよく用いられる．

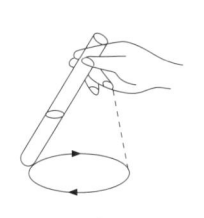

ふり混ぜ　　　　かき混ぜ→溶解　　　　すり混ぜ
円錐を描くようにしてふり混ぜる

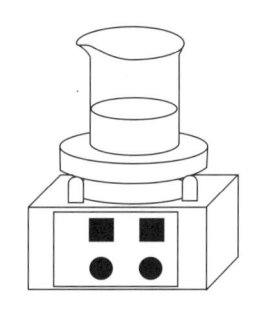

マグネチックスターラー

●分離（ろ過，遠心分離）

固体と液体とを分離する操作をろ過という．ろ過にはろ紙を使う自然ろ過と，ろ紙やガラスフィルターを使う吸引ろ過がある．ろ紙などを通過した液体をろ液，残った固体を沈殿物という．ろ紙は目的に応じて適当な紙質のものを選ぶ（付表1参照）．ひだ折りろ紙は不要の固体を分離

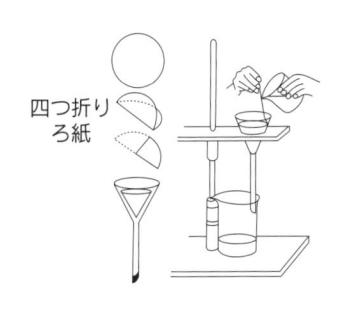

自然ろ過 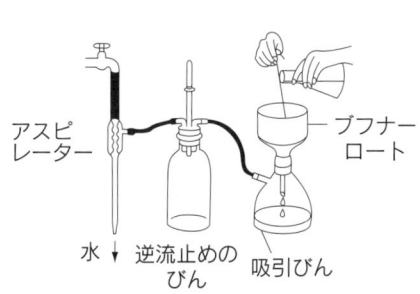　　　　吸引ろ過 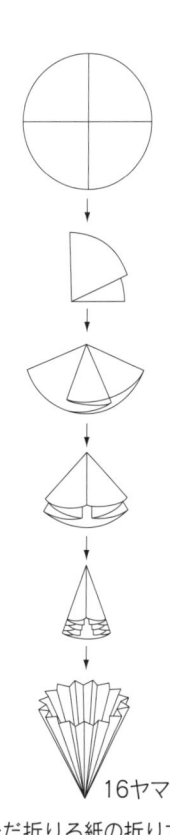　　　　ひだ折りろ紙の折り方

16ヤマ

付表1　ろ紙の種類と用途

種類*	用　途	特　　　徴
No.1	一般定性用	ろ過速度はきわめて速いが，微細な沈殿は保持できない．
No.2	標準定性用	ろ過が速く，沈殿の保持もよい．減圧ろ過に適する．
No.101	培養基用	紙面に凹凸があり，粘調液や細菌培養液のろ過によい．
No.131	半硬質定性用	微細粒子のろ別に適する．紙質は硬く，減圧や加圧に耐える．
No.3	簡易定量用	紙質は厚く，ろ過は速い．学生実験向きである．
No.4	硬質ろ紙	紙質が強く，耐酸・耐アルカリ性で微細な沈殿も保持する．
No.5A	迅速定量用	疎大沈殿のろ過に適し，ろ過速度は速い．
No.5B	一般定量用	ろ過速度，沈殿保持性いずれも中くらいで，広範囲に使える．
No.5C	硫酸バリウム用	ろ過から漏れるようなごく微細な沈殿のろ別に適する．
No.6	標準定量用	紙質がNo.5より薄く，沈殿保持性もNo.5Bよりよい．
No.7	最高級定量用	紙質は最も薄く均一である．灰分は最少で緻密な分析に向く．
No.50	クロマトグラフィー用	紙質は精製した均一な繊維よりなる．無機以外の一般用である．
No.51	〃	紙質は薄く，紫外線下で蛍光を発しない．
No.51A	〃	No.51の灰分を除いたもので，無機や生化学精密分析に適する．

＊東洋ろ紙の品名

する場合に用いる．有効面積が広いのでろ過速度が大きい．固体が必要な場合はひだ折りろ紙を使用してはならない．

　試料液が微量な場合や沈殿物が微細な場合には，遠心分離機が用いられる．

アングルローターは，遠心管を収める穴が回転軸に対して定角度をなしている．
スイングローターは，ローターの回転数が上がると試料管が水平になるため，試料管の上下で遠心力の差が大きく，またローターを止める際の液の撹乱も小さい．

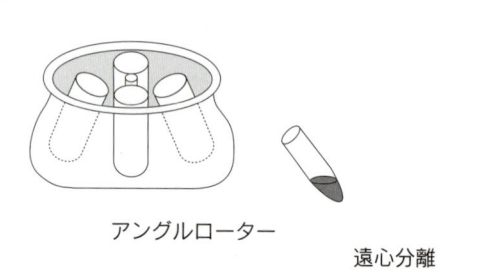

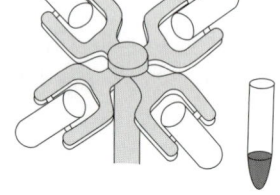

アングルローター　　　　　スイングローター
遠心分離

ガスバーナー

● 加　熱

　加熱は実験で重要な操作の一つであるが，やけどや火災・爆発の原因にもなる最も危険な操作でもある．ガスバーナーがよく用いられる．反応や蒸留など，加熱の目的に最も適した方法を選ばなければならない．

＜ガスバーナーの扱い方＞

① あらかじめ，ガス量調整コックAと空気量調整コックBの開閉を確

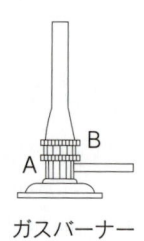

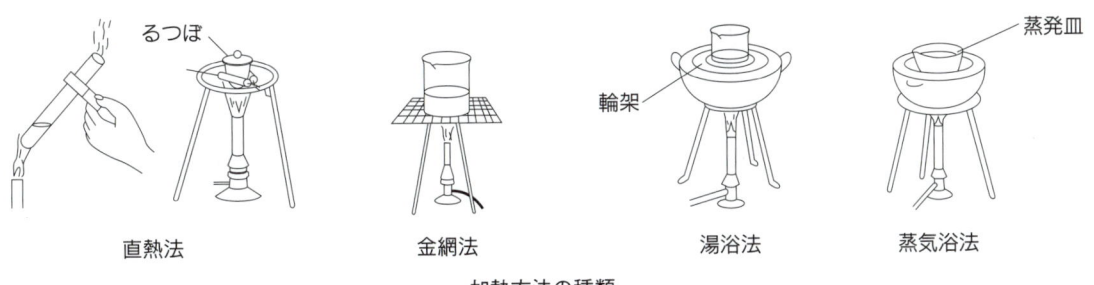

付　録　113

直熱法　　　　金網法　　　　湯浴法　　　　蒸気浴法

加熱方法の種類

認する(最初は両方とも閉じておく).
② 実験台上のガスの元栓を完全に開く.
③ バーナーのガスコックを半分ほど開く.
④ ただちに点火する.
⑤ ガス量を調節して炎の大きさを決める.
⑥ 空気孔を徐々に開き, 炎の赤い部分をなくす(強火の場合は, さらに還元炎がはっきり見えるまで空気孔を開く. 弱火に戻す場合は, まず還元炎が見えない程度まで空気孔を閉じる).
⑦ 終えるときは, 空気孔(B)→ガスコック(A)→元栓の順に閉じる.

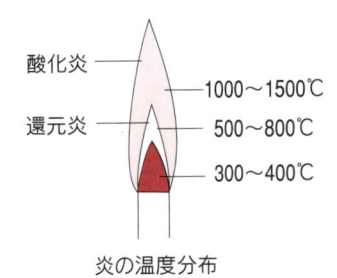

酸化炎　　1000〜1500℃
還元炎　　500〜800℃
　　　　　300〜400℃

炎の温度分布

● 冷　　却

試料の温度を下げたり, 反応熱を除くために冷却という操作を行う. 0℃までなら水道水や氷で十分であるが, 0℃以下に冷やす場合には寒剤を使用しなければならない. また, 物質の抽出や蒸留には冷却器が用いられる.

＜寒剤と冷却可能な最低温度＞

氷水(約0℃), 氷－食塩(約−20℃), ドライアイス−メチルアルコール(約−70℃).

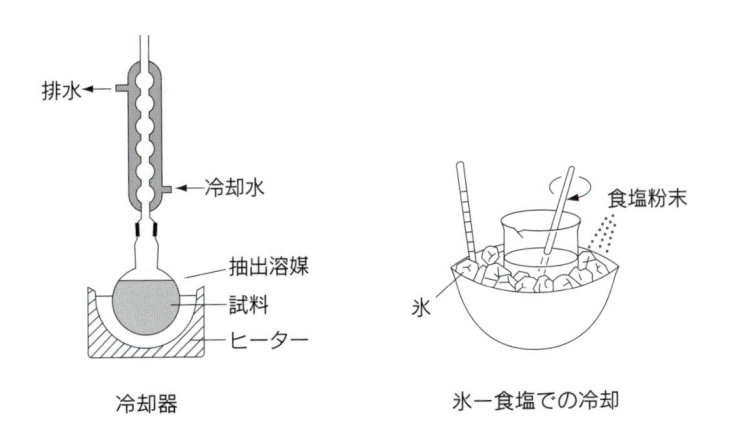

冷却器　　　　　氷－食塩での冷却

● 測容

容量（容積，体積）を測ることを測容といい，ほとんどの場合は液体が対象となる．測容に用いられる器具を総称して測容器具という．いずれも目盛や標線が刻まれており，20℃において正しい値を示すようになっている．

＜使用する器具（カッコ内は精度を示す）＞

メスフラスコ（◎），メスシリンダー（○），ホールピペット（◎），メスピペット（○），駒込ピペット（△），ビュレット（◎）

＜測容器具の扱い方＞

a) 目盛や標線の合わせ方

目の高さを液面と水平位置にし，液面の半月形の底部（メニスカス）を正確に合わせる．

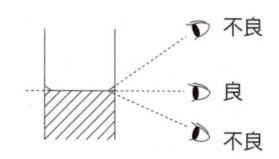

b) メスシリンダー

おおよその液量を測る場合に用い，正確さを要求される場合には使用できない．

c) メスフラスコ

正確な濃度の溶液を調製する場合に用いる．細長い首の中ほどに標線が1本刻まれており，液のメニスカスが標線に一致したときが正確な容量である．最後に，ガラスの共栓をして転倒混和させて均一な溶液にすることを忘れてはならない．

d) ホールピペット，メスピペット，駒込ピペット

一定の容量を正確に採取する場合に用いる測容器具をピペットという．一定容量だけを測り取る標線が一本刻まれたホールピペットと，任意の容量が測り取れるように目盛が刻まれているメスピペットとがある．駒込ピペットはおおよその量を採取する場合にのみ用いることができ，精度は落ちる．また，少量を測り取る場合はオートピペットを用いると便利である．すべて出用器具であり，放出した液量が指示された容量である．

e) ビュレット

滴定などで用いるガラス筒に目盛りが付けてある出用器具で，下部に流量を調節する活栓のある型が一般的である．

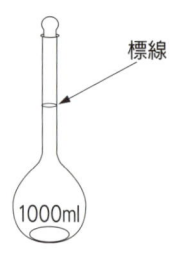

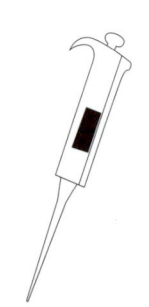

オートピペット
容量固定式と可変式とがあり，先端のチップを取り替えることにより多試料に対応できる．

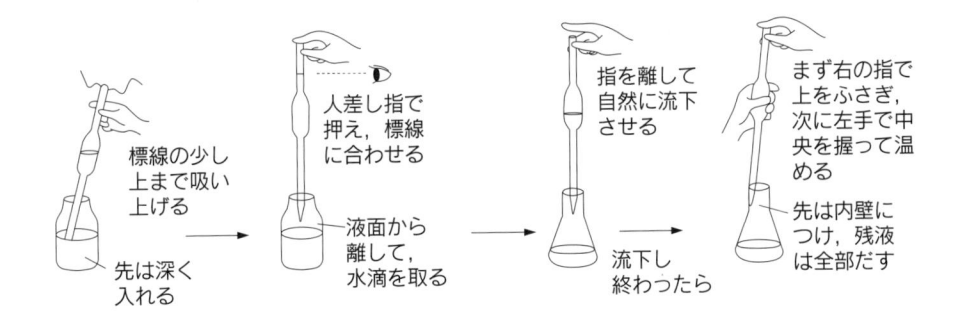

ホールピペット

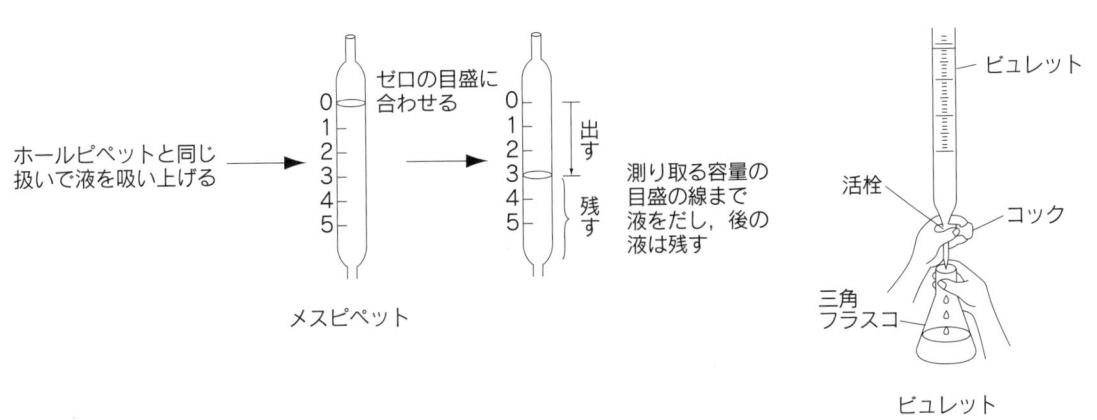

メスピペット

ビュレット

● 秤　量

　物の重量を秤を用いて測ることを秤量という．天秤には，安全で正確に秤ることのできる最大重量を秤量値，最小重量を感量値と称して表示してある．

a) **上皿天秤**：一方の皿に試料を，他方に分銅をのせて釣り合わせる．

① ゼロ点調整：調節ねじを利用して左右のバランスをとる（指針をゼロ点に一致させる）．

② 物の重さを測る場合：物を左皿にのせ，分銅は右皿に重いものから順次のせていき，ゼロ点に一致させる．

③ 一定量の物を測り取る場合：分銅を左皿にのせ，指針がゼロ点に一致するまで右皿に物をのせていく．

④ 天秤の保管：皿を一方に重ねて腕が振れないようにする．

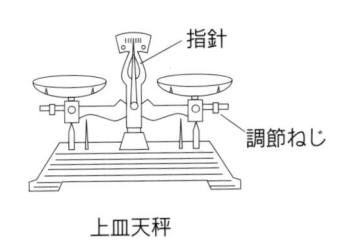

上皿天秤

b) **電子上皿天秤**：重量に相当する電磁力を上向きに加えて釣り合わせる．

① ゼロ点調整：電源を入れると表示窓にすべての表示が出るのでチェックする→しばらくして表示が消えると，重量表示の値が表れるので安定するのを待つ→その値が0.00を示していなければ，ゼロ点スイッチを押して0.00にする．

② 秤量：風袋(試料や試薬を測り取るときに用いる容器)あるいは試料を皿にのせる→重量表示の数値を，安定表示マークがついてから読み取る．

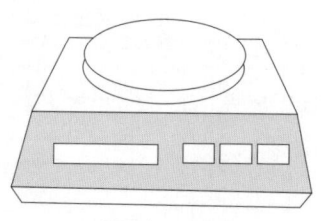

電子上皿天秤

付表2　市販試薬の種類と濃度

市販品	比重 (15℃/4℃)	g/100g (W%)	g/100ml (W/V%)	モル濃度 (M)	規定濃度 (N)
濃塩酸	1.19	37	44.0	12	12
局方塩酸	1.15	30	34.5	9.3	9.3
希塩酸	1.04	7.1	7.3	2	2
濃硝酸	1.42	70	99	16	16
局方硝酸	1.15	25	28.8	4.5	4.5
希硝酸	1.07	11.8	12.6	2	2
濃硫酸	1.84	96.2	177	18	36
希硫酸	1.06	9.2	9.8	1	2
濃リン酸	1.71	85	145	14.8	44.4
局方リン酸	1.12	20	22.4	2.3	7
氷酢酸	1.06	98	104	17.3	17.3
局方酢酸	1.04	30	31.2	5.2	5.2
強アンモニア水	0.90	28	25	15	15
局方アンモニア水	0.96	10	9.6	5.6	5.6
過酸化水素	1.11	30	33	9.7	9.7
局方過酸化水素	1.01	3	3	0.9	0.9
局方純(エチル)アルコール	0.796	99	99.5V%	17.1	—
(エチル)アルコール	0.81	95	96 V%	16.7	—
局方(エチル)アルコール	0.83	87	91 V%	15.6	—

3. 化学分析（定性分析・定量分析）

化学分析の実験とは「あるものの中にある物質が含まれているかいないか，また含まれているとすればどれだけ含まれているのか」を確認することを目的としている．その中である特定の元素や官能基，あるいは特定の化合物の存否を知る分析操作を定性分析といい，それらの成分の含有量を測定する分析操作を定量分析という．

●定性分析

実験操作としては簡単なものが多く，呈色や沈殿の生成などによって判定する場合が多い．ここでは，よく用いられる薄層クロマトグラフィーについて述べる．

薄層クロマトグラフィー（TLC）

1903年，Mikhail Tswett が今日ではカラムクロマトグラフィーとよばれている方法で葉緑体色素の分離を行った．ギリシャ語の *chroma*（色）と *graphos*（記録）からクロマトグラフィーとよばれているが，現在では，分離される成分の色に関係なく，固定された物質（固定相）とその間を移動する物質（移動相）との間におかれた試料成分の化学的・物理的性質の差を利用して分離する方法に対して用いられている．

平らに磨いたガラス支持板の上に微粒子のシリカゲルあるいはアルミナ，セルロースを薄層状に塗布したものを用いるクロマトグラフィーである．薄層クロマトグラフィーは，脂質，アミン，アルカロイド，糖質，アミノ酸，色素などの分離，確認に利用されている．

a) 薄層プレート

さまざまな大きさと形の薄層プレートが市販されており，広く利用されている．手軽に折って分割できるガラスプレートのものや，はさみで適当な大きさに切ることができるプラスチック支持板のものがある．

b) 試料の塗布

試料溶液 $5 \sim 10 \mu l$ をマイクロシリンジまたは毛細管でプレートの下端から1.5 cm の位置に塗布する．塗布するとき，プレートに傷をつけないようにする．1枚のプレートに $1 \sim 2$ cm の間隔でいくつかの試料を塗布することが可能である．

c) 展 開

展開溶媒の選択は，分離を成功させるうえで最も重要である．糖質，アミノ酸，核酸などの分離には，*n*-ブタノール・酢酸・水，フェノール・水，コリジン・水，*n*-ブタノール・ピクジン・水などの展開溶媒

がよく用いられている．展開槽内に展開溶媒を入れる．十分に溶媒蒸気を飽和したのち，試料をスポットしたプレートを入れ，下端5mmを展開溶媒中に浸して容器を密閉する．溶媒が10cm上昇すれば展開を終了し，取りだして風乾する．

d) 発色確認

展開を終了したプレートは発色させ，R_f値，呈色などを標準物質のスポットと比較し確認する．発色には濃硫酸や過マンガン酸カリウムなどの腐食性の試薬の噴霧や，高温での加熱も可能である．

e) 物質の判定

試料をつけた原点から検出されたスポットの中心までの距離を a cm，原点から溶媒の浸透先端までの距離を b cm とすれば，a/b が成分の移動率となり，これを R_f 値という．同じ条件で標準物質について R_f 値を測定しておけば，分離された物質が何であるかを同定することができる．

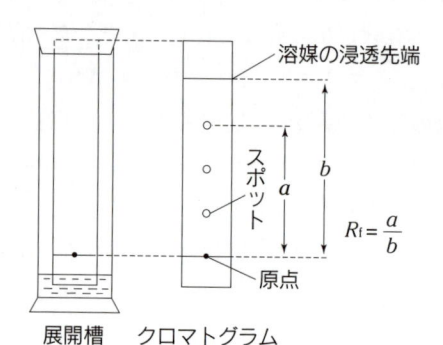

薄層クロマトグラフィー　　展開槽　クロマトグラム

●定量分析

定量分析は試料中のある成分の含有量を知ることが目的である．ここではよく用いられる容量分析と比色分析について述べる．

(1) 容量分析

容量分析は，定量分析の目的物質にその物質と定量的に反応する物質の既知量を含む溶液，すなわち標準溶液を加え，反応が終了するまでに要した標準溶液の容積を測定して目的物質の量を知る方法である．通常，目的物質の溶液に標準溶液を滴下して終点を求める操作を行うことが多いので，滴定ともよばれている．

容量分析を行うには，正確な濃度の標準溶液が必要である．容量分析は化学反応の種類によって，中和滴定，酸化還元滴定，沈殿滴定，キレート滴定の4種類に分類される．ここでは，よく用いられる中和滴定につ

いて述べる．

(2) 中和滴定

　酸と塩基が反応して塩と水ができる反応を中和反応という．この中和反応を利用して，酸または塩基の濃度を滴定により求める方法が中和滴定である．中和滴定においては，反応が完結する当量点の前後で，溶液のpHの値が急激に変化する．この当量点を正確に知るためには，当量点での溶液のpHでちょうど変色する指示薬を選ぶことが必要である．また，中和を行う酸と塩基の強弱によっても，適当な指示薬を用いなければならない．

おもなpH指示薬

指示薬	酸性色	変色域(pH)	塩基性色
チモールブルー	赤	1.2〜2.8	黄
メチルオレンジ	赤	3.1〜4.4	黄
ブロムフェノールブルー	黄	3.0〜4.6	青
ブロムクレゾールグリーン	黄	3.8〜5.4	青
メチルレッド	赤	4.2〜6.2	黄
ブロムチモールブルー	黄	6.0〜7.6	青
チモールブルー	黄	8.0〜9.6	青
フェノールフタレイン	無	8.2〜9.8	赤紫
チモールフタレイン	無	9.3〜10.5	青

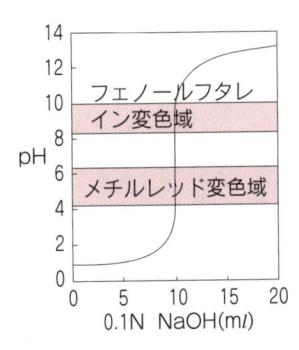

中和滴定曲線 0.1N HCl 10mlに0.1N NaOHを滴下したときのpHの変化

(3) 比色分析

　比色分析は，試料溶液中の目的成分に適当な試薬を加えて発色させ，その色の濃さ，または，それに光を照射したときの光の吸収の程度を標準溶液のそれと比較することによって成分濃度を分析する方法である．

a) 光と色

　われわれの目に感じることのできる可視光線は，400〜800nmの波長の光である．太陽光線やタングステンランプの光は白色光である．白色光は可視光線を全部含んでおり，それが重なって白色に見えるのである．
　ある溶液に白色光があたったときに，肉眼で色を感じるのは，溶液によって，ある波長の光が吸収されて，その残りの波長の光（余色）が溶液を通過して目に入るためである．したがって，一般に，溶液にそれが吸収する特定波長の光（単色光）をあてて，光の吸収の程度を測定すれば，その溶液の色の濃さ，すなわち，その溶液に含まれている物質の濃度を知ることができる．

nm：ナノメーター
$1\,nm = 10^{-9}\,m$

この目的に用いる装置が比色計で，単色光を得るためにプリズムや回折格子をもつ装置を分光光度計といい，フィルターを用いる装置を光電光度計という．

吸収される波長，吸収される色および透過する色(余色)の関係を下に示す．

吸収される波長・色と透過する色

吸収される波長 (nm)	吸収される色	透過する色 (余色)
400〜435	紫	黄緑
435〜480	青	黄
480〜490	緑青	橙
490〜500	青緑	赤
500〜560	緑	赤紫
560〜580	黄緑	紫
580〜595	黄	青
595〜610	橙	緑青
610〜750	赤	青緑
750〜800	赤紫	緑

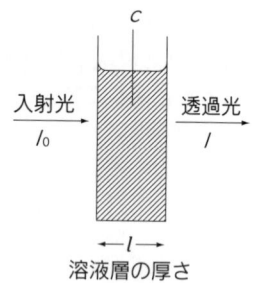

溶液による光の吸収

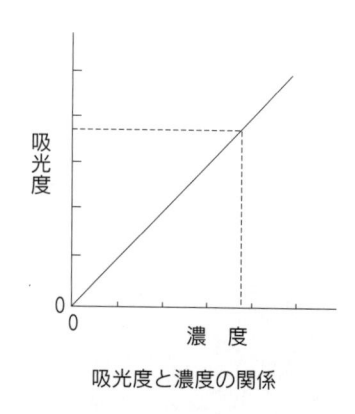

吸光度と濃度の関係

b) ランベルト・ベール(Lambert-Beer)の法則

入射光の強さ I_0 の単色光が濃度 c(mol/l)，厚さ l(cm)の溶液中を通過し，この溶液によって光が吸収され，強さ I に減少したとすると，次の関係が成り立つ．

透過度：$\dfrac{I}{I_0}$

透過率：$\dfrac{I}{I_0} \times 100 = T$(%)

吸光度：$\log \dfrac{I_0}{I} = A$

また，A は c と l の積に比例する．

　　$A = Kcl$（ただし，K は比例定数）

これが，ランベルト-ベールの法則である．l が一定であれば，吸光度と溶液の濃度との関係は，原点を通る直線となる．あらかじめ標準物質を用いて濃度と吸光度の関係のグラフ(検量線)を作成しておくことにより，未知の溶液濃度を吸光度から簡単に求めることができる．

索　引

アルファベット

ATP	44
──の加水分解	45
BMI	47
DNA	87
K殻	6, 7
L殻	6, 7
M(モル)	68, 75
mol/l	68
M殻	6, 7
N(規定濃度)	70, 77
NaClの結晶構造	10
N殻	6, 7
pH	91
RNA	87, 90
SI単位	41

あ

アイソトープ	3
亜鉛	105, 106
アデニン	88
アトウォーター係数	46
油	85
脂	85
アボガドロ	
──数	22, 24
──の分子説	27
──の法則	27
アポ酵素	95
アミノ酸	81, 83
アラキドン酸	85
アルコール発酵	53
α-アミノ酸	81
α-リノレン酸	85
アンモニア	4
イオン	2, 5, 8, 17, 19, 23, 24
──化エネルギー	5
──化傾向	60
──化列	60
──記号	5
──結合	8, 9, 11, 13
──結晶	15
──結晶の電気伝導性	17
──式	17
──性物質	9
──積	54
──濃度	53, 67
──の価数	5, 11, 17
陰──	5, 11
陽──	5, 11
イオン積	54
イコサペンタエン酸	86
イソロイシン	82
一価不飽和脂肪酸	85
遺伝	86
遺伝子	87
陰イオン	5, 11
運動エネルギー	43
エイコサペンタエン酸	86
液体	29, 30
エネルギー	43
──準位	6
──保存の法則	43
イオン化──	5
運動──	43
ポテンシャル──	44
塩	52
塩化ナトリウム	3, 10
塩化物イオン	3
塩基	51
──性溶液	54
──の量	69
延性	14, 15
塩析	38
エンタルピー	62
オキソニウムイオン	53
温度	46, 50, 93

か

化学結合	8
──の種類	15
化学式	14
化学式量	21
化学反応	49
──式	49
化学変化	49
化学量	24
核酸	87
化合物	1
無機──	79
有機──	79
華氏	46
加水分解	45
価数	5, 11, 17, 69
活性中心	91
活性部位	91
価電子	7, 17
──数	7, 13
価標	16
カリウム	104, 105
カルシウム	103, 105
カロリー	46
環境ホルモン	57, 97
還元剤	55
乾燥酵母	53
基	17
気化熱	30
貴金属	61
基質	91
──特異性	91
気体	29, 30
──の状態方程式	32, 33
──反応の法則	27
規定	70
──濃度	69, 70
──溶液の調製	76
固体の──数	77
機能性カルシウム	103
機能鉄	106
吸熱反応	61
凝縮	31
凝析	38

122 索引

共有結合　　　　　　　　11, 13
　──結晶　　　　　　　　　15
共有電子対　　　　　　　　　12
金属　　　　　　　　　　14, 15
　──結合　　　　　　　　3, 14
　──の性質　　　　　　　　14
　──の密度　　　　　　　　14
グアニン　　　　　　　　　　88
グラム当量　　　　　　　　　69
　──/l　　　　　　　　　　70
　──数　　　　　　　　69, 70
グルコース　　　　　　　44, 81
クロム　　　　　　　　　　107
クーロン力　　　　　　　　　8
結晶　　　　　　　　　　　　15
　──構造　　　　　　　　　10
　──の硬さ　　　　　　　　15
　──の融点　　　　　　　　15
　イオン──　　　　　　15, 17
　共有結合──　　　　　　　15
　分子──　　　　　　　12, 15
血糖値　　　　　　　　　　　81
ゲル　　　　　　　　　　　　38
ケルビン　　　　　　　　　　46
原子　　　1, 5, 6, 19, 23, 24, 26
　──価　　　　　　　　　　69
　──核　　　　　　　　　2, 6
　──記号　　　　　　　　　5
　──説　　　　　　　　　　26
　──団　　　　　　　　　　5
　──の重さ　　　　　　　　19
　──の名称　　　　　　　　4
　──番号　　　　　　　　3, 5
原子量　　　　　　　　　19〜24
元素　　　　　　　　　　1, 101
　──記号　　　　　　　　　5
懸濁液　　　　　　　　　　　65
減量　　　　　　　　　　　　48
高エネルギーリン酸
　──化合物　　　　　　　　44
　──結合　　　　　　　44, 45
合金　　　　　　　　　　　　14
抗酸化剤　　　　　　　　　　57
抗ストレスミネラル　　　　103
構成粒子　　　　　　　　　　1
酵素　　　　　　　　　　91, 95

　──活性　　　　　　　　　91
構造式　　　　　　　　　　　16
硬度　　　　　　　　　　　　34
呼吸　　　　　　　　　　　　56
黒鉛　　　　　　　　　　　　12
固体　　　　　　　　　　　　29
　──試薬より調製　73, 74, 76
　──の規定数　　　　　　　77
骨粗鬆症　　　　　　　　　103
コドン　　　　　　　　　　　89
コバルト　　　　　　　　　107
コレステロール　　　　　　　85
コロイド　　　　　　　　　　36
混合物　　　　　　　　　　　1

さ

最外殻電子　　　　　　　　7, 8
最適温度　　　　　　　　　　93
最適pH　　　　　　　　　　91
酸　　　　　　　　　　　　　51
　──の量　　　　　　　　　69
酸化
　──還元反応　　　　　　　55
　──剤　　　　　　　　　　55
　──数　　　　　　　　　　58
　──防止剤　　　　　　　　57
三重結合　　　　　　　　16, 17
酸性雨　　　　　　　　　　　59
酸性溶液　　　　　　　　　　54
酸素
　──原子　　　　　　　　　12
　──分子　　　　　　　　　12
式量　　　　　　　　21, 23, 24
脂質　　　　　　　　　　　　84
示性式　　　　　　　　　　　17
失活　　　　　　　　　　　　91
質量　　　　　　　　　　19, 41
　──/体積パーセント濃度　　66
　──パーセント濃度　　　　66
　──パーセント溶液　　　　73
　──保存の法則　　　　26, 49
質量数　　　　　　　　5, 19, 20
至適温度　　　　　　　　　　93
至適pH　　　　　　　　　　91
シトシン　　　　　　　　　　88
脂肪　　　　　　　　　　　　85

脂肪酸　　　　　　　　　　　84
試薬　　　　　　　　　　　　65
　──の調製法　　　73, 74, 76
シャルルの法則　　　　　　　32
周期表　　　　　　　　　　6, 7
周期律　　　　　　　　　　　6
重水素　　　　　　　　　　　20
自由電子　　　　　　　　　　14
収容電子　　　　　　　　　　6
重量　　　　　　　　　　　　41
　──モル濃度　　　　　　　72
受容体　　　　　　　　　　　95
ジュール　　　　　　　　　　46
純物質　　　　　　　　　　　1
　──化合物　　　　　　　　1
　──単体　　　　　　　　　1
昇華　　　　　　　　　　　　30
状態方程式　　　　　　　　　32
少糖類　　　　　　　　　　　80
蒸発　　　　　　　　　　　　30
　──熱　　　　　　　　　　30
触媒　　　　　　　　　　　　51
水素　　　　　　　　　　　　4
　──イオン濃度　　　　　　53
　──結合　　　　　　　33, 35
　──原子　　　　　　　　　23
　──分子　　　　　　　11, 23
水和　　　　　　　　　　　　35
生成熱　　　　　　　　　　　62
生成物　　　　　　　　　49, 91
生体膜　　　　　　　　　　　84
正電荷　　　　　　　　　　　2
静電気力　　　　　　　　　3, 8
摂氏　　　　　　　　　　　　46
セレン　　　　　　　　　　107
セントラルドグマ　　　　　　90
総熱量保存の法則　　　　　　63
組成式　　　　　　　　　14, 16
組成式量　　　　　　　21〜24, 68
ゾル　　　　　　　　　　　　36

た

ダイエット　　　　　　　47, 48
代謝　　　　　　　　　　　　90
体積　　　　　　　　　　　　41
　──パーセント濃度　　66, 67

索引

ダイヤモンド	12	同素体	12	**は**	
多価不飽和脂肪酸	85	動物性脂肪	85	倍数比例の法則	26
多糖類	80	当量	69	パーセント濃度	66, 74
多量元素	101	ドコサヘキサエン酸	86	パーセント溶液	73
単結合	16, 17	ドライイースト	53	発熱反応	61
炭水化物	80	トランスファー RNA	90	ハーバー・ボッシュ法	51
単体	1, 12	トリアシルグリセロール	84	バリン	82
単糖類	80	トリプトファン	82	反応温度	50
タンパク質	81	ドルトンの原子説	26	反応熱	62
チミン	88	トレオニン	82	反応物	49
中性子	2	**な**		──の濃度	49
──の質量	19			──の表面積	50
中和熱	62	内分泌撹乱化学物質	57, 97	非共有電子対	12
中和反応	52	長さ	41	比重	41, 66
貯蔵カルシウム	103	ナトリウム	106	ヒスチジン	82
貯蔵鉄	106	──イオン	3	ビタミン	95
チンダル現象	38	──カリウムポンプ	104	必須	
定比例の法則	26	二酸化炭素	4	──アミノ酸	83
デオキシリボ核酸	87	二重結合	16, 17	──脂肪酸	86
鉄	3, 105, 106	二重らせん構造	87	──ミネラル	101, 107
──欠乏性貧血	106	ヌクレオチド	87	ヒトホルモン	97
──原子	3	熱		ヒドロニウムイオン	53
ヘム──	106	──化学方程式	63	非必須アミノ酸	83
電荷	2, 5	気化──	30	肥満	48
電気泳動	38	蒸発──	30	漂白剤	57
電子	2, 6, 24	生成──	62	微量元素	101
──殻	6	中和──	62	ピル	99
──式	17	燃焼──	62	ファンデルワールス力	12
──親和力	5	反応──	61, 62	フェニルアラニン	82
──数	3	融解──	30	不活性ガス	7, 11
──対	11, 12	溶解──	62	不対電子	12
──の質量	19	熱量計	44	物質の三態	29
──配置	6, 7, 11	熱量の保存	63	沸点	14, 30
価──	7, 17	燃焼熱	62	負電荷	2
最外殻──	7, 8	濃度	49, 65	不飽和結合	17
自由──	14	イオン──	67	不飽和脂肪酸	85
収容──	6	規定──	69, 70	ブラウン運動	38
不対──	12	質量/体積パーセント──	66	分子	
転写	90	質量パーセント──	66		2, 3, 5, 11, 19, 23, 24, 27
展性	14, 15	重量モル──	72	──間力	12, 13
伝導性	15, 17	水素イオン──	53	──結晶	12, 15
デンプン	80	体積パーセント──	67	──式	16
銅	107	パーセント──	66, 74	──性物質	12
同位体	3, 20	モル──	67, 68, 70	──の構造	4
糖質	80	溶液の──	65, 74	分子量	20〜24, 68
透析	39				

索引

ブンゼンの吸収係数	36
ベーキングパウダー	52
ヘスの法則	63
ヘム鉄	106
ヘンリーの法則	36
ボイル・シャルルの法則	32
ボイルの法則	32
飽和結合	16
飽和脂肪酸	85
飽和溶液	35
補酵素	95
ポテンシャルエネルギー	44
ホルモン	95
ホロ酵素	95
ボンベ熱量計	44
翻訳	90

ま

マグネシウム	103
マンガン	107
水	4
——のイオン積	54
密度	14, 41, 66
ミネラル	101, 103, 107
——ウォーター	102
無機化合物	79
メタン	4
メチオニン	82
メッセンジャー RNA	90
モーラー	67
モリブデン	108
モル	22, 23
——数	67, 70, 75
——濃度	67, 68, 70, 72
——溶液の調製	74

や

融解	30
融解熱	30
有機化合物	79
有機溶媒に対する溶解性	15
有効数字	40
融点	14, 30
油脂	85
陽イオン	5, 11
溶液	33, 65, 66
——の調製	74, 76
——の濃度	65
——のパーセント濃度	74
——のモル数	75
塩基性——	54
酸性——	54
質量パーセント——	73
飽和——	35
溶解	33
——性	15
——度	35
——熱	62
——平衡	35, 36
陽子	2
——数	3
——の質量	19
溶質	33, 66
ヨウ素	108
溶媒	33, 66
有機——	15
容量	41

ら

リシン	82
リノール酸	85, 86
リボ核酸	87
リン	104, 105
——脂質	85
レセプター	95
レドックス反応	55
ロイシン	82

練習問題の解答

6章, p. 67
① $5/(5+195) \times 100 = \underline{2.5\%}$
② $2/500 \times 100 = \underline{0.4\%}$
③ $140/(140+60) \times 100 = \underline{70\%}$

6章, p. 68
① NaOH=40 $4/40 \times 1000/250 = \underline{0.4 \text{ mol}/l}$
② 0.1 M=0.1 mol/l だから, 1 l 中に0.1 mol 存在する.
200 ml だから, $0.1 \times 200/1000 = 0.02$ mol
NaOH の 1 mol=40 g だから, $0.02 \times 40 = \underline{0.8 \text{ g}}$

6章, p. 71
①（1）（ア）$4.9/98 = 0.050$ モル
　　　（イ）0.10 グラム当量
　　　（ウ）$6.0 \times 10^{23} \times 0.05 = 3.0 \times 10^{22}$ 個
　（2）（ア）$4.0/40 = 0.10$ グラム当量（=0.10モル）
　　　（イ）0.10 規定
　（3）0.2 グラム当量, $171/2 \times 0.2 = 17.1$
　（4）4 規定
　（5）（ア）0.4 モル/l　（イ）$0.4 \times 40 = 16$ g
　（6）$0.80/40 = 0.020$（モル/l）……0.020 規定
　（7）$W/171/2 = W/85.5$（規定）
② $2+1.5=3.5$（グラム当量）　モル数=$3.5/2=1.75$（モル）　質量=$1.75 \times 98 = 171.5$（g）

6章, p. 72
溶質のモル数=$\dfrac{70}{58.5} = 1.20$ mol（NaCl=58.5）
溶媒の質量=200 g=0.2 kg
よって, 重量モル濃度=$\dfrac{1.20 \text{ mol}}{0.2 \text{ kg}} = \underline{6.0 \text{ mol/kg}}$

章末問題の解答

1章

1. ① Na_2SO_4（硫酸ナトリウム）
   ② $MgCl_2$（塩化マグネシウム）
   ③ NH_4NO_3（硝酸アンモニウム）

2. ① H–O
       |
       H
   ② O=C=O
   ③   H
         |
       H–C–O–H
         |
         H

2章

1. （1）$CO_2=44$ であるから，$44×1.5=\underline{66\,g}$
   （2）$SO_2=64$ であるから，64 g のとき $6.0×10^{23}$ 個の分子を含む．よって，16 g では，
   $16/64×6.0×10^{23}=\underline{1.5×10^{23}}$ 個
   （3）$H_2O=18$ であるから，$6.0×10^{23}$ 個の質量が 18 g．よって，1 個の質量は，
   $18/6.0×10^{23}=\underline{3.0×10^{-23}\,g}$

2. ^{35}Cl の存在率を $x(\%)$ とすると，^{37}Cl の存在率は $(100-x)(\%)$ であるから，
   $35×x/100+37×(100-x)/100=35.5$
   $x=\underline{75\%}$

3. 10 kg = 10000 g，10000 g 中に含まれる Na^+ は，$10000×0.1/100=10\,g$　$Na=23$ であるから，$Na^+=23$ である．23 g あれば，$6.0×10^{23}$ 個存在するので，10 g は $10/23×6.0×10^{23}=\underline{2.6×10^{23}\text{個}}$

3章

1. 昇華．例：ドライアイス（固体の二酸化炭素 CO_2），ヨウ素 I_2，ナフタレン $C_{10}H_8$（防虫剤），パラジクロロベンゼン p-$C_6H_4Cl_2$（防虫剤）など．

2. 海面の気圧は 1 気圧なので，ボイルの法則 $PV=P'V'$ の式に代入して，
   $11×0.01=1×V'$　　∴ $V'=0.11\,l$

3. （1）気体の状態方程式 $PV=\left(\dfrac{w}{M}\right)RT$ の式に代入して，
   $4.35×1.50=\left(\dfrac{11.8}{M}\right)×0.082×(273+25)$
   ∴ $M=44.1$
   （2）酸素 O_2，窒素 N_2，二酸化炭素 CO_2 の分子量は，それぞれ 32, 28, 44 である．求めた分子量が 44.1 となるので，気体試料は二酸化炭素であると考えられる．

4. 液体への気体の溶解度は，温度が低いほど大きくなる．炭酸飲料に使用される二酸化炭素の溶解度もやはり温度が低いほど大きい．温度が高い庫外のほうが，二酸化炭素の溶解度が小さくなるから．

5. ① エマルション，② 水，③ 油滴，④ 水中油滴，⑤ 油，⑥ 水，⑦ 油中水滴．

4章

1. ATP（アデノシン三リン酸）

2. 糖質：4 kcal/g，脂質：9 kcal/g，タンパク質：4 kcal/g
   $(30\,g×4\,kcal/g)+(40\,g×9\,kcal/g)$
   $+(30\,g×4\,kcal/g)=600\,kcal$

3. 食物からのエネルギーの過剰摂取は，肥満の原因の一つとなる．すなわち，食物からの摂取エネルギー量が消費エネルギー量を超えた場合，余剰のエネルギーは脂肪に変換され，脂肪組織に貯蔵されてしまうからである．

4. ℃ = (℉-32)×5/9 に代入して，
   $30=(℉-32)×5/9$　∴ ℉ = 86

5. BMI = 体重(kg) / [身長(m)]^2 に代入して，
   BMI = 50 kg / [1.6 m]^2　∴ BMI = 19.53 (kg/m^2)
   標準体重 = 22 (kg/m^2) × [身長(m)]^2 に代入して，
   標準体重 = 22 (kg/m^2) × [1.6 m]^2
   ∴ 標準体重 = 56.32 (kg)

5章

1. 触媒とは，化学反応の速度を変化させるが，それ自身は反応の前後において変化しない物質である．化学反応の速度を増す正触媒は，反応に必要な活性化エネルギーを下げる作用がある．

2. 酢酸（CH_3COOH）

3. $NaHCO_3 + HCl → NaCl + H_2O + CO_2$
   $Mg(OH)_2 + 2\,HCl → MgCl_2 + 2\,H_2O$

4. （1）$[H^+]=10^{-2}\,mol/l$
   $pH=-\log[H^+]=-\log 10^{-2}=2$　∴ pH = 2
   （2）$[OH^-]=10^{-3}\,mol/l$
   $[H^+]=10^{-14}/10^{-3}=10^{-11}$
   $pH=-\log[H^+]=-\log 10^{-11}=11$
   ∴ pH = 11
   （3）$[H^+]=10^{-3}\,mol/l$
   $pH=-\log[H^+]=-\log 10^{-3}=3$　∴ pH = 3
   （4）$[H^+]=10^{-14}/10^{-2}=10^{-12}$
   $pH=-\log[H^+]=-\log 10^{-12}=12$
   ∴ pH = 12

5. $2\,SO_2 + O_2 → 2\,SO_3$　……①
   $2\,SO_3 + 2\,H_2O → 2\,H_2SO_4$　……②
   以上をまとめて，

$2SO_2 + O_2 + 2H_2O \rightarrow 2H_2SO_4$ ……(①+②)

（還元された(−Ⅱ)、酸化された(+Ⅱ)）

酸化数 (+Ⅳ)(−Ⅱ) (0) (+Ⅰ)(−Ⅱ) (+Ⅰ)(+Ⅵ)(−Ⅱ)

酸化剤は酸素 O_2, 還元剤は二酸化硫黄 SO_2

6 グルコースの分子量は $C_6H_{12}O_6 = 180$
したがって、グルコース 1 g が燃焼するときに発生する熱量は
$1(g)/180(g) \times 670(kcal) = 3.7(kcal)$

6章

1 $HCl = 1 + 35.5 = 36.5$
$14.6 : 36.5 : 180 ml = x : 1000 ml$
$x = 14.6 \div 36.5 \times 1000 \div 180 = 2.222 = \underline{2.22\ mol/l}$
HCl は1価だから、$\underline{2.22\ N}$

2 NaOH の濃度を $x\ mol/l$ とすると、
$60x = 0.1 \times 30$
$x = 0.1 \times 30 \div 60 = \underline{0.05\ mol/l}$
NaOH は1価だから、$\underline{0.05\ N}$

3 (1) 質量＝体積×比重＝$1000 \times 1.92 = 1920$ g
$1920 \times 96 \div 100 \div 98 = 18.80 = \underline{18.8\ mol/l}$
(2) $18.8 \times 2 = \underline{37.6\ N}$
(3) $18.8 : 1000 = x : 100$
$x = 18.8 \times 100 \div 1000 = 1.88\ mol$
$1.88 \times 100 \div 250 = 0.752 = \underline{0.75\ mol}$
(4) $0.75 \times 2 = 5 \times 1 \times x$
$x = 0.75 \times 2 \div 5 = 0.3\ l$（リットル）$= \underline{300\ ml}$
(5) $0.75 \times 2 = 10 \times 1 \times x$
$x = 0.75 \times 2 \div 10 = 0.15\ l$（リットル）$= \underline{150\ ml}$
(6) $0.75 \times 2 = 1.5\ mol$
$PV = nRT$ より、$1 \times V = 1.5 \times 0.082 \times 300$
$V = \underline{36.9\ l}$（リットル）

4 5グラム当量＋3グラム当量＝$\underline{8\text{グラム当量}}$
モル数＝$8 \div 2 = 4\ mol$
質量＝$4 \times 98 = 392\ g$

5 $5.6 \div 56 \times 2 + 12 \div 40 \times 1 = 0.2 + 0.3 = \underline{0.5\text{グラム当量}}$

6 (1) 18 (2) 582 (3) 18 (4) 600
(5) 62.6 (6) 937.4 (7) 3.3 (8) 96.7
(9) 170 (10) 250 (11) 3.3 (12) 196.7

【解説】
(5) $249.5 \div 159.5 \times 4 \times 1000 \div 100 = 62.57 = \underline{62.6}$
(6) $1000 - 62.6 = \underline{937.4}$

(7) $75x = 2.5 \times 100$
$x = 2.5 \times 100 \div 75 = 3.33 = \underline{3.3}$
(8) $100 - 3.3 = \underline{96.7}$
(9) $1\ N : 170 = 4\ N : x$
$x = 4 \times 170 \times 250 \div 1000 = \underline{170}$
(10) $\underline{250}$
(11) $6x = 0.1 \times 200$　　$x = 0.1 \times 200 \div 6 = 3.33 = \underline{3.3}$
(12) $200 - 3.3 = \underline{196.7}$

7章

1 糖質（エネルギー源）、タンパク質（体をつくる成分）、脂質（エネルギー源）

2 20種類、必須アミノ酸は9種類（メチオニン、フェニルアラニン、リシン、ヒスチジン、トリプトファン、イソロイシン、ロイシン、バリン、トレオニン）

3 必須脂肪酸は3種類。リノール酸、α-リノレン酸、アラキドン酸

4 親から子へ、子から孫へと形質が受け継がれることを遺伝とよび、形質を伝達する物質のことを遺伝子という。子が親に似ているのは、遺伝子を介して、両親の形質を受け継いでいるからである。

5 酵素は、特異的なタンパク質である。生体触媒（それ自身は変化しない物質）として働き、細胞内の化学反応の速度を調節している。酵素は反応を進めるために必要な活性化エネルギーを小さくし、反応が進みやすくしている。酵素が働きかける物質のことを基質といい、酵素が基質と結合する部分のことを活性部位（活性中心）とよぶ。

6 水溶性ビタミンは、過剰に摂取しても尿中に排泄されてしまい、体内に蓄積されないが、脂溶性ビタミンは、脂質とともに脂肪組織に蓄積されやすいため。

7 内分泌撹乱化学物質（外因性内分泌撹乱化学物質）
内分泌撹乱化学物質とは、「環境中に見いだされ、ホルモンに似た作用を示す人工の化学物質」のことである。この物質は、体内で本物のホルモンのように振る舞い、内分泌系を撹乱し、生物の生理機能（生殖、発育障害）に重大な影響を及ぼすとされている。

8章

	Ca	Co	Cr	Cu	Fe	I	K	Mg	Mo	Mn	Na	P	Se	Zn
【解答群A】	②	④	③	⑦	⑥	⑫	⑭	⑨	⑪	⑩	⑧	⑬	⑤	①
【解答群B】	⑨	⑤	⑩	⑥	⑦	①	⑭	⑪	②	⑬	⑫	④	③	⑧

●著者略歴●

松井　徳光
（まつい　とくみつ）

愛媛大学大学院連合農学研究科修了
現　在　武庫川女子大学生活環境学部教授
農学博士

小野　廣紀
（おの　こうき）

大阪府立大学大学院農学研究科修了
現　在　岐阜市立女子短期大学健康栄養学科教授
農学博士

第1版　第1刷　2002年11月30日
第25刷　2025年 2月10日

検印廃止

JCOPY 〈出版者著作権管理機構委託出版物〉

本書の無断複写は著作権法上での例外を除き禁じられています．複写される場合は，そのつど事前に，出版者著作権管理機構（電話 03-5244-5088，FAX 03-5244-5089，e-mail: info@jcopy.or.jp）の許諾を得てください．

本書のコピー，スキャン，デジタル化などの無断複製は著作権法上での例外を除き禁じられています．本書を代行業者などの第三者に依頼してスキャンやデジタル化することは，たとえ個人や家庭内の利用でも著作権法違反です．

乱丁・落丁本は送料小社負担にてお取りかえします．

Printed in Japan　Ⓒ Tokumitsu Matsui, Koki Ono　2002
無断転載・複製を禁ず

わかる化学
知っておきたい食とくらしの基礎知識

著　者　松井　徳光
　　　　小野　廣紀
発行者　曽根　良介
発行所　㈱化学同人

〒600-8074　京都市下京区仏光寺通柳馬場西入ル
編集部　Tel 075-352-3711　Fax 075-352-0371
企画販売部　Tel 075-352-3373　Fax 075-351-8301
振替：01010-7-5702
e-mail webmaster@kagakudojin.co.jp
URL https://www.kagakudojin.co.jp
印刷・製本　尼崎印刷㈱

ISBN 978-4-7598-0920-6

ガイドライン準拠 エキスパート管理栄養士養成シリーズ

●シリーズ編集委員●

小川　正・下田妙子・上田隆史・大中政治・辻　悦子・坂井堅太郎
(京都大学名誉教授)(東京医療保健大学名誉教授)(元 神戸学院大学名誉教授)(関西福祉科学大学名誉教授)(前 神奈川工科大学)(徳島文理大学)

- 「高度な専門的知識および技術をもった資質の高い管理栄養士の養成と育成」に必須の内容をそろえた教科書シリーズ．
- ガイドラインに記載されている，すべての項目を網羅．国家試験対策としても役立つ．
- 各巻B5，2色刷．

公衆衛生学[第3版]	木村美恵子徳留信寛・圓藤吟史 編	**食品衛生学**[第4版]	甲斐達男・小林秀光 編
健康・栄養管理学	辻 悦子 編	**基礎栄養学**[第5版]	坂井堅太郎 編
生化学[第2版]	村松陽治 編	**分子栄養学**	金本龍平 編
解剖生理学[第2版]	高野康夫 編	**応用栄養学**[第3版]	大中政治 編
微生物学[第3版]	小林秀光・白石 淳 編	**運動生理学**[第4版]	山本順一郎 編
臨床病態学	伊藤節子 編	**臨床栄養学**[第3版](疾病編)	嶋津 孝・下田妙子 編
食べ物と健康1[第3版](食品学総論的な内容)	池田清和柴田克己 編	**臨床栄養学**[第3版](栄養ケアとアセスメント編)	下田妙子 編
食べ物と健康2(食品学各論的な内容)	田主澄三・小川 正 編	**公衆栄養学**	赤羽正之 編
食べ物と健康3(食品加工学的な内容)	森 友彦・河村幸雄 編	**公衆栄養学実習**[第4版]	上田伸男 編
調理学[第3版]	青木三惠子 編	**栄養教育論**[第2版]	川田智恵子・村上 淳 編

詳細情報は，化学同人ホームページをご覧ください．https://www.kagakudojin.co.jp

～好評既刊本～

栄養士・管理栄養士をめざす人の 基礎トレーニングドリル
小野廣紀・日比野久美子・吉澤みな子 著
B5・2色刷・168頁・本体1900円
専門科目を学ぶ前に必要な化学，生物，数学(計算)の基礎を丁寧に記述．入学前の課題学習や初年次の導入教育に役立つ．

大学で学ぶ 食生活と健康のきほん
吉澤みな子・武智多与理・百木 和 著
B5・2色刷・160頁・本体2200円
さまざまな栄養素と食品，健康の維持・増進のために必要な食生活の基礎知識について，わかりやすく解説した半期用のテキスト．

栄養士・管理栄養士をめざす人の 調理・献立作成の基礎
坂本裕子・森美奈子 編
B5・2色刷・112頁・本体1500円
実習系科目(調理実習，給食経営管理実習，栄養教育論実習，臨床栄養学実習など)を受ける前の基礎づくりと，各専門科目への橋渡しとなる．

図解 栄養士・管理栄養士をめざす人の 文章術ハンドブック
―ノート、レポート、手紙・メールから、履歴書・エントリーシート、卒論まで
西川真理子 著／A5・2色刷・192頁・本体2000円
見開き1テーマとし，図とイラストをふんだんに使いながらポイントをわかりやすく示す．文章の書き方をひととおり知っておくための必携書．